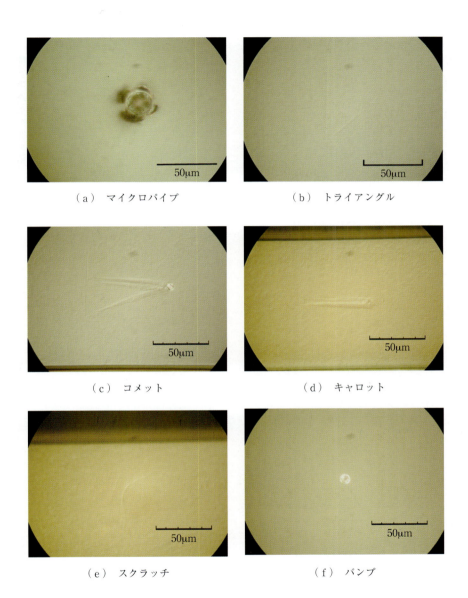

口絵 1 SiC の代表的なウェーハ表面欠陥（光学顕微鏡観察）。
測定は新日本無線株式会社と共同で実施。

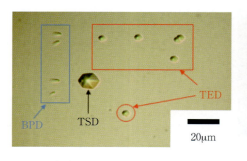 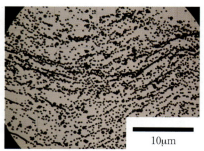

（a） 貫通転位と基底面転位　　　　　（b） 結晶欠陥の密集

口絵2 KOHエッチングによるSiCの欠陥評価。
処理はファインセラミックスセンターに依頼。

（a） 昇華法SiC　　　約3mm×4mm　　（b） SiCエピタキシャル層

$g = 11\bar{2}8$

口絵3 高解像度反射型X線トポグラフィによるSiCの評価。
測定は日鉄住金テクノロジー株式会社で実施。

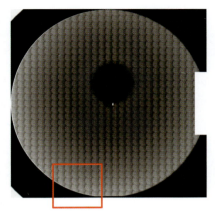 

(a) ウェーハ全面の評価（>750nm）　　（b） 口絵4(a)の□の拡大部の評価（425nm）

口絵4 フォトルミネッセンスによるSiCの評価。
測定は株式会社フォトンデザインで実施。

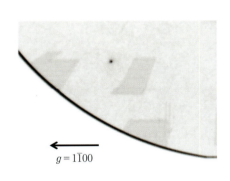 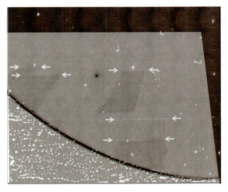

(a) 口絵4(a)の□の拡大部の評価　　（b） 透過型X線トポグラフィと
　　　　　　　　　　　　　　　　　　　　フォトルミネッセンスの重ね合せ

口絵5 透過型X線トポグラフィによるSiC積層欠陥の評価。
測定は日鉄住金テクノロジー株式会社で実施。

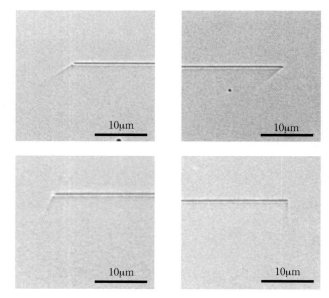

(a) ミラー電子顕微鏡による SiC 積層欠陥の評価

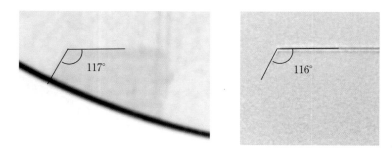

X線トポグラフィ　　　　　　　　ミラー電子顕微鏡

(b) 基板への侵入角度の比較

口絵 6　ミラー電子顕微鏡による SiC 積層欠陥の評価。
測定は株式会社日立製作所で実施。

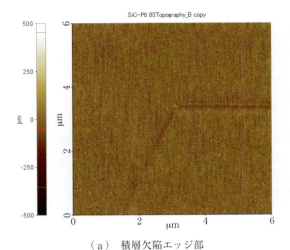

（a） 積層欠陥エッジ部

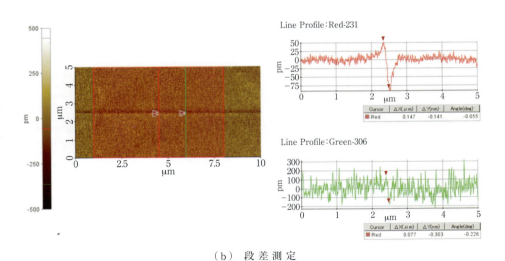

（b） 段差測定

口絵 7 原子間力顕微鏡による SiC 積層欠陥の評価。
測定はパーク・システムズ・ジャパン株式会社で実施。

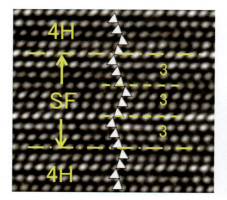

（a）X線トポグラフィで測定可能

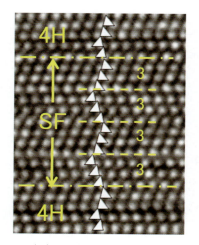

（b）X線トポグラフィでは
測定不可能（その1）

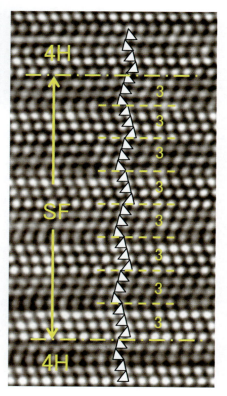

（c）X線トポグラフィでは
測定不可能（その2）

口絵 8 透過電子顕微鏡による SiC 積層欠陥の評価。
測定は日鉄住金テクノロジー株式会社で実施。

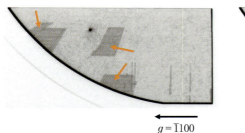
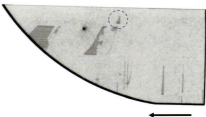

$g = \bar{1}100$ $g = \bar{1}101$

	Shockley(S)	Flank(F)	S+F	S+F/2
$\{1\bar{1}00\}$	○	×	○	○
$\{1\bar{1}01\}$	○	○	△	△
$\{11\bar{2}0\}$	×	×	×	×

↗ :S + F
◌ :Flank (F)
other :Shockley (S)

口絵9 透過型 X 線トポグラフィによる欠陥タイプの評価。
測定は日鉄住金テクノロジー株式会社で実施。

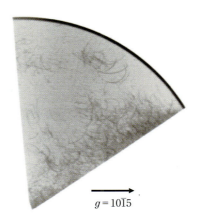

$g = 10\bar{1}5$

口絵10 低解像度反射型 X 線トポグラフィによる GaN on GaN 結晶の評価。
測定は日鉄住金テクノロジー株式会社で実施。

(a) MOCVD 面　　　　　　　　　　　(b) HVPE 面

口絵11　高解像度反射型 X 線トポグラフィによる GaN on GaN 結晶の評価。測定は日鉄住金テクノロジー株式会社で実施。

$g = 10\bar{1}5$　　　約3mm×4mm

口絵12　高解像度反射型 X 線トポグラフィによる GaN on Si 結晶の評価。測定は日鉄住金テクノロジー株式会社で実施。

ワイドギャップ半導体パワーデバイス

工学博士 山本 秀和 著

コロナ社

まえがき

　半導体パワーデバイスは，自然エネルギーの有効活用，ハイブリッドカーおよび電気自動車などの普及による低炭素化社会の実現，電気機器のインバータ化による省エネルギーを実現するための中核デバイスとして近年おおいに注目されている。

　一方，Si集積回路は，一時期日本の"産業の米"として日本の産業を牽引してきた。しかしながら，この"日の丸半導体"は諸外国の勢いに押され，凋落の一途をたどっている。そのような状況下で，パワーデバイスは日本が優位な数少ない半導体デバイスとして君臨している。

　Siパワーデバイスの実現により，パワーエレクトロニクスによる電力変換技術は飛躍的に向上した。自動車のモータ駆動，FA機器やエアコンなどの家電のインバータ化，太陽光発電の普及は，Siパワーデバイスがあって初めて実現したといっても過言ではない。Siパワーデバイスは Si 集積回路で培った微細化および低コスト化技術を適用することにより，急激に性能が向上，価格が低下し普及した。

　パワーデバイスは半導体デバイスの一種であるが，同じ半導体デバイスである Si 集積回路のような解説書は存在しなかった。そこで著者は，おもに Si デバイスを扱ったパワーデバイスの入門書『パワーデバイス』（コロナ社，2012年発行）を執筆した。

　しかしながら，Si パワーデバイスの性能向上は，その限界に近付いているといわれ出した。そこで，パワーデバイス用材料として材料物性的に Si よりも優位なワイドギャップ半導体がにわかに注目され始めた。ただし，ワイドギャップ半導体パワーデバイスには，Si パワーデバイスと比較して，克服すべき多くの課題が存在するのが現実である。

まえがき

　ワイドギャップ半導体の専門書は業界の需要に合わせ，それなりの数が存在している。しかしながら，それらはすべてオムニバス形式である。オムニバス形式の場合，それぞれの項目は最先端の研究を行っている技術者が執筆を担当しているが，限られた分量での解説となる。そのため，どうしても良い部分が強調されてしまい，実際には重要な課題の記述がおろそかになってしまう傾向がある。

　本書では，ワイドギャップ半導体パワーデバイスの優れた性能を述べるとともに，課題を詳細に述べる。特に最大の課題の一つである結晶製造の難しさは，ていねいに解説した。そのためには結晶構造の違いから理解することが重要である。加えて，結晶欠陥の形成原理についても理解する必要がある。さらに，その評価法に関しても述べる。

　Siでは実現不可能なワイドギャップ半導体パワーデバイスの性能の一つに高温動作がある。その実現には，モジュール化技術におけるブレイクスルーが必須である。モジュール化における新技術に関しても詳細に述べる。

　ワイドギャップ半導体パワーデバイスの本格量産は，さまざまな技術の集大成として実現される。個々の技術を有機的に結合することにより，初めてデバイスの量産として結実する。それぞれの技術開発は，デバイス開発全体のなかでの位置付けを把握して行うことが重要である。そのためには，ワイドギャップ半導体パワーデバイスの全体像を知る必要がある。本書は，個別要素技術の位置付けと重要さおよび課題の理解に重点をおいた。

　本書は大きく3編から構成されている。最初に「基礎編」として，Siパワーデバイスで培われてきたパワーデバイスの概要を述べる。基礎編は，1～5章までの五つの章からなる。1章ではパワーデバイスの用途を述べ，2章では次世代パワーデバイスへの要求を述べる。3章ではパワーチップ共通の構造とSiパワーチップの製造方法を述べる。4章では各種パワーチップの構造と特性を述べる。5章ではパワーモジュールの構造と製造法を述べる。

　つぎの「結晶編」では，ワイドギャップ半導体パワーデバイスの最大の課題である結晶製造について述べる。結晶編は，6～11章までの六つの章からな

る。6章では原子に関して，7章では結晶に関して基礎から詳細に述べる。8章では半導体中の結晶欠陥について，9章では結晶欠陥の評価技術を述べる。10章ではパワーデバイス用Si結晶の製造法を述べ，11章ではワイドギャップ半導体結晶の製造方法とその難しさを述べる。

最後の「デバイス編」では，個々の代表的なワイドギャップ半導体パワーデバイスとモジュール化技術について述べる。デバイス編は12～16章までの五つの章からなる。12章ではSiCパワーデバイス，13章ではGaNパワーデバイス，14章ではGa_2O_3パワーデバイスとダイヤモンドパワーデバイスについて述べる。15章ではパワーモジュールに関して，高温化のための新技術を中心に述べる。最後の16章ではワイドギャップ半導体パワーデバイスが量産化に向けた取組みを進めるにあたって，他の半導体デバイスの成功と失敗から学ぶべきことを述べる。

本書に掲載した数々の測定データの取得にご協力いただいた方々に，お礼申し上げる。また，結晶構造に関して熱心に議論いただいた多くの方々に深く感謝申し上げる。最後に，本書の出版までこぎ着けて下さったコロナ社の方々に厚く感謝申し上げる。

2015年1月

著　者

目　　　次

―基礎編―
1. 電力変換とパワーデバイス

1.1　電力変換技術 …………………………………………………… *1*
　1.1.1　人類が利用している電気 ………………………………… *1*
　1.1.2　直流と交流 ………………………………………………… *2*
　1.1.3　電力発生源の多様化 ……………………………………… *4*
　1.1.4　電力変換の重要性 ………………………………………… *5*
1.2　パワーデバイスの用途 ………………………………………… *6*
　1.2.1　パワーデバイスの適用 …………………………………… *6*
　1.2.2　電力容量と動作速度 ……………………………………… *8*

2. 次世代パワーデバイスへの要求

2.1　パワーデバイスによる電力変換 ……………………………… *11*
　2.1.1　電力変換の種類 …………………………………………… *11*
　2.1.2　DC-DCコンバータ ……………………………………… *12*
　2.1.3　コンバータ/インバータシステム ……………………… *13*
　2.1.4　マトリックスコンバータ ………………………………… *15*
　2.1.5　パワーデバイスにおける電力損失 ……………………… *16*
2.2　次世代パワーデバイスへの要求 ……………………………… *17*
　2.2.1　Siスイッチングデバイスの進化 ………………………… *17*

目次 v

   2.2.2 Si-IGBT の性能向上 ……………………………………………… 18
   2.2.3 ワイドギャップ半導体の優位性 …………………………………… 20
   2.2.4 ワイドギャップ半導体パワーデバイスのターゲット ……………… 22

3. パワーチップの構造と製造方法

3.1 パワーチップの構造 ……………………………………………… 24
  3.1.1 パワーチップの種類 …………………………………………… 24
  3.1.2 ユニポーラデバイスとバイポーラデバイス ………………………… 25
  3.1.3 パワーチップの断面構造 ……………………………………… 26
  3.1.4 耐圧保持層の最適化 …………………………………………… 27
  3.1.5 パワーチップの電極構造 ……………………………………… 29
3.2 パワーチップの製造方法 ………………………………………… 30
  3.2.1 表面プロセス …………………………………………………… 30
  3.2.2 ライフタイム制御 ……………………………………………… 32
  3.2.3 裏面プロセス …………………………………………………… 34

4. 各種パワーチップ

4.1 各種パワーチップの構造と特性 ………………………………… 36
  4.1.1 パワーダイオードの構造と特性 ……………………………… 36
  4.1.2 サイリスタの構造と特性 ……………………………………… 39
  4.1.3 パワーバイポーラトランジスタの構造と特性 …………………… 40
  4.1.4 パワー MOSFET の構造と特性 ……………………………… 42
  4.1.5 IGBT の構造と特性 …………………………………………… 44
4.2 IGBT の多機能化 ………………………………………………… 48
  4.2.1 IGBT の逆方向特性 …………………………………………… 48
  4.2.2 RC-IGBT ……………………………………………………… 48
  4.2.3 RB-IGBT ……………………………………………………… 49

5. パワーモジュールの構造と製造方法

5.1 パワーモジュールの構造 ………………………………… 51
   5.1.1 パワーモジュール搭載チップ ……………………… 51
   5.1.2 パワーチップのモジュール化 ……………………… 52
   5.1.3 パワーデバイスのインテリジェント化 …………… 53
   5.1.4 ケースタイプとトランスファーモールドタイプ … 55
   5.1.5 パワーモジュール構成要素の熱抵抗 ……………… 57
5.2 パワーモジュールの製造方法 …………………………… 58
   5.2.1 パワーモジュールの製造プロセスフロー ………… 58
   5.2.2 ダイシング ……………………………………… 59
   5.2.3 チップテスト ………………………………………… 60
   5.2.4 パッケージング ……………………………………… 61

― 結晶編 ―

6. 原子構造と結晶構造

6.1 原子の構造 ………………………………………………… 63
   6.1.1 原子の構成 …………………………………………… 63
   6.1.2 量子数 ………………………………………………… 64
   6.1.3 原子中の電子の配置 ………………………………… 64
6.2 元素の周期性 ……………………………………………… 66
   6.2.1 元素の周期性と周期表 ……………………………… 66
   6.2.2 原子の大きさ ………………………………………… 68
6.3 原子/分子の結合 ………………………………………… 69
   6.3.1 結合の種類 …………………………………………… 69
   6.3.2 混成軌道 ……………………………………………… 72
6.4 結晶構造の基本的表現方法 ……………………………… 74
   6.4.1 ブラベー格子 ………………………………………… 74

  6.4.2　ミラー指数 ………………………………………………… 77
  6.4.3　立方晶の面指数と面方位 ………………………………… 78
  6.4.4　逆格子ベクトル …………………………………………… 79
 6.5　六方晶の表現方法 ………………………………………………… 79
  6.5.1　六方晶の表現方法 ………………………………………… 79
  6.5.2　六方晶の面指数と面方位 ………………………………… 80

7.　半導体結晶と物性

 7.1　半　導　体　材　料 ……………………………………………… 82
  7.1.1　半導体の機能 ……………………………………………… 82
  7.1.2　半導体の分類 ……………………………………………… 83
 7.2　半導体結晶の構造 ………………………………………………… 84
  7.2.1　ダイヤモンド構造 ………………………………………… 84
  7.2.2　せん亜鉛鉱構造とウルツ鉱構造 ………………………… 85
  7.2.3　SiC の結晶構造 …………………………………………… 87
  7.2.4　ヘキサゴナリティ ………………………………………… 88
  7.2.5　Ga_2O_3 の結晶構造 ………………………………………… 89
 7.3　エネルギーバンド構造 …………………………………………… 90
  7.3.1　エネルギーバンドの形成 ………………………………… 90
  7.3.2　直接遷移と間接遷移 ……………………………………… 91
  7.3.3　半導体のバンドギャップ ………………………………… 92
 7.4　半導体中の伝導キャリヤ ………………………………………… 93
  7.4.1　キャリヤ速度の電界依存性 ……………………………… 93
  7.4.2　キャリヤ密度の温度依存性 ……………………………… 94

8.　半導体中の結晶欠陥

 8.1　結晶欠陥の分類 …………………………………………………… 96
  8.1.1　結晶欠陥の分類 …………………………………………… 96

8.1.2 点　　欠　　陥 …………………………………………………… 97
  8.1.3 線　　欠　　陥 …………………………………………………… 98
  8.1.4 面　　欠　　陥 …………………………………………………… 99
  8.1.5 体　積　欠　陥 …………………………………………………… 99
8.2 半導体結晶中の構造欠陥 ……………………………………………… 100
  8.2.1 完全転位と部分転位 ………………………………………………… 100
  8.2.2 ショックレーの部分転位 …………………………………………… 100
  8.2.3 フランクの部分転位 ………………………………………………… 102
  8.2.4 貫通転位と基底面転位 ……………………………………………… 103
8.3 プロセス導入欠陥 ……………………………………………………… 103
  8.3.1 プロセス導入欠陥の二面性 ………………………………………… 103
  8.3.2 良　性　PRIDE ……………………………………………………… 104
  8.3.3 悪　性　PRIDE ……………………………………………………… 105

9. 結晶欠陥の評価技術

9.1 結晶欠陥の物理的/化学的評価技術 …………………………………… 108
  9.1.1 光　学　的　評　価 ………………………………………………… 108
  9.1.2 選択エッチング法 …………………………………………………… 110
  9.1.3 電　子　顕　微　鏡 ………………………………………………… 110
  9.1.4 ミラー電子顕微鏡 …………………………………………………… 113
  9.1.5 X線回折/X線トポグラフィ ………………………………………… 114
  9.1.6 フォトルミネッセンス ……………………………………………… 116
  9.1.7 原子間力顕微鏡 ……………………………………………………… 117
  9.1.8 ラマン散乱分光法 …………………………………………………… 118
9.2 結晶欠陥の電気的評価技術 …………………………………………… 121
  9.2.1 ライフタイム測定 …………………………………………………… 121
  9.2.2 DLTS　測　定 ……………………………………………………… 122

10. パワーデバイス用 Si 結晶およびウェーハの製造方法

10.1 パワーデバイス用 Si 結晶 ………………………………………… *125*
  10.1.1 CZ 法結晶 ………………………………………………… *125*
  10.1.2 FZ 法結晶 ………………………………………………… *126*
  10.1.3 Si のエピタキシャル成長 ……………………………… *128*
  10.1.4 パワーデバイス用 Si 結晶の使い分け ………………… *130*
10.2 ウェーハ加工 …………………………………………………… *132*
  10.2.1 一般的なウェーハ加工プロセス ……………………… *132*
  10.2.2 ウェーハ仕様 …………………………………………… *133*

11. ワイドギャップ半導体結晶の製造方法

11.1 パワーデバイス用 SiC 結晶 ………………………………… *136*
  11.1.1 昇 華 法 …………………………………………………… *136*
  11.1.2 RAF 法 …………………………………………………… *138*
  11.1.3 溶 液 法 …………………………………………………… *139*
  11.1.4 ガス成長法 ……………………………………………… *140*
  11.1.5 SiC のエピタキシャル成長 …………………………… *141*
11.2 パワーデバイス用 GaN 結晶 ………………………………… *142*
  11.2.1 GaN on Si 結晶 …………………………………………… *142*
  11.2.2 GaN 自立結晶 …………………………………………… *144*
  11.2.3 Na フラックス法 ………………………………………… *145*
  11.2.4 アモノサーマル法 ……………………………………… *145*
11.3 そのほかのワイドギャップ半導体結晶 …………………… *147*
  11.3.1 電子デバイス用サファイア結晶 ……………………… *147*
  11.3.2 Ga_2O_3 結 晶 ……………………………………………… *148*
  11.3.3 ダイヤモンド単結晶 …………………………………… *148*

—デバイス編—

12. SiC パワーデバイス

12.1 SiC パワーデバイスの種類 ………………………………… *150*
   12.1.1 パワーダイオード ………………………………… *150*
   12.1.2 パワー MOSFET ………………………………… *151*
   12.1.3 バイポーラデバイス ……………………………… *152*
12.2 SiC パワー MOSFET の製造プロセス ……………………… *153*
   12.2.1 プレーナゲート型 MOSFET ……………………… *153*
   12.2.2 トレンチゲート型 MOSFET ……………………… *153*
12.3 SiC パワーデバイスの性能 ………………………………… *154*
   12.3.1 ハイブリッド SiC モジュール ……………………… *154*
   12.3.2 フル SiC モジュール ……………………………… *156*
   12.3.3 電動輸送機器への適用 …………………………… *157*
12.4 SiC パワーデバイスの課題 ………………………………… *158*
   12.4.1 プロセスにおける課題 …………………………… *158*
   12.4.2 ダイシングにおける課題 ………………………… *159*
   12.4.3 デバイス特性における課題 ……………………… *160*

13. GaN パワーデバイス

13.1 GaN パワーデバイスの構造 ……………………………… *163*
   13.1.1 HEMT 構造 ………………………………………… *163*
   13.1.2 電極構造 …………………………………………… *164*
   13.1.3 集積化 ……………………………………………… *165*
13.2 ノーマリィオフ化 …………………………………………… *166*
   13.2.1 カスコード接続 …………………………………… *166*
   13.2.2 ノーマリィオフ構造 ……………………………… *166*
   13.2.3 ノーマリィオフ構造の課題 ……………………… *167*

13.3 GaN パワーデバイスの性能 …………………………………… 168
　13.3.1 高周波パワーデバイス …………………………… 168
　13.3.2 各種電源への適用 ………………………………… 168
13.4 GaN パワーデバイスの課題 …………………………………… 168
　13.4.1 デバイス特性における課題 ……………………… 168
　13.4.2 高 耐 圧 化 ………………………………………… 169
　13.4.3 高 周 波 動 作 ……………………………………… 170
　13.4.4 大 容 量 化 ………………………………………… 171

14. そのほかのワイドギャップ半導体パワーデバイス

14.1 Ga_2O_3 パワーデバイス ………………………………………… 172
　14.1.1 Ga_2O_3 パワーデバイスの魅力 …………………… 172
　14.1.2 Ga_2O_3 パワーデバイスの課題 …………………… 174
14.2 ダイヤモンドパワーデバイス ………………………………… 174
　14.2.1 ダイヤモンドパワーデバイスの魅力 …………… 174
　14.2.2 ダイヤモンドの特異な物性 ……………………… 175
　14.2.3 ダイヤモンドパワーデバイスの課題 …………… 175

15. ワイドギャップ半導体パワーモジュール

15.1 パワーモジュールの信頼性 …………………………………… 177
　15.1.1 半導体デバイスの信頼性 ………………………… 177
　15.1.2 パワーモジュールの信頼性試験 ………………… 178
　15.1.3 サーマルサイクル試験 …………………………… 179
　15.1.4 パワーサイクル試験 ……………………………… 180
　15.1.5 はんだボイドの影響 ……………………………… 180
15.2 次世代パワーデバイス対応モジュール ……………………… 181
　15.2.1 高性能化における律速要因 ……………………… 181
　15.2.2 高電流密度化 ……………………………………… 182

15.2.3　寄生インダクタンスの低減 …………………………… *183*
15.2.4　裏　面　接　合 …………………………………………… *184*
15.2.5　グリスレス化 ……………………………………………… *185*
15.2.6　封　止　材　料 …………………………………………… *186*

16.　ワイドギャップ半導体パワーデバイスの量産に向けて

16.1　Si 集積回路から学ぶこと …………………………………… *188*
　16.1.1　Si vs GaAs ……………………………………………… *188*
　16.1.2　値段が最優先 …………………………………………… *188*
　16.1.3　ロードマップの策定 …………………………………… *189*
　16.1.4　日の丸半導体の凋落 …………………………………… *189*
　16.1.5　品質至上主義 …………………………………………… *191*
　16.1.6　共同プロジェクト ……………………………………… *191*
16.2　Si パワーデバイスから学ぶこと …………………………… *192*
　16.2.1　日本のメーカーが強い理由 …………………………… *192*
　16.2.2　Si パワーデバイスの量産技術 ………………………… *192*
16.3　そのほかの半導体関連技術から学ぶこと ………………… *193*
　16.3.1　Si ウェーハから学ぶこと ……………………………… *193*
　16.3.2　太陽電池から学ぶこと ………………………………… *193*
16.4　量産における律速要因 ……………………………………… *195*

付　　　　録 ………………………………………………………… *197*
参　考　文　献 ……………………………………………………… *199*
索　　　　引 ………………………………………………………… *203*

1 電力変換とパワーデバイス
― 基 礎 編 ―

われわれ人類は，さまざまな電気を利用している。電気には交流と直流があり，その電圧は1V程度から数十万ボルトにわたる。そのような電気を有効に使いこなすには，効率的に電力変換を行う必要があり，電力変換の主役は**パワーデバイス**が担っている。本章では，電力変換技術の概要とパワーデバイスの幅広い用途について述べる。

1.1 電力変換技術

1.1.1 人類が利用している電気

人類は，**表1.1**に示すようにさまざまな電圧の電気エネルギー（電力[†]）を利用している。乾電池1本から得られる電圧は1.5Vである。家庭のコンセントには，日本では100V，欧米では200Vの電気が供給されている。新幹線以外の鉄道などの電気鉄道用には数千ボルトまでの電圧の電気が利用されている。新幹線などの高速鉄道では25 000Vが主流である。

表1.1 身近な電気の電圧

発生源，適用例	電圧〔V〕
乾電池	1.5（直流）
自動車のバッテリー	12, 24（直流）
家庭用商用電源	100, 200（交流）
新幹線以外の鉄道	600～1 500（直流）
高速鉄道（新幹線，フランスTGV）	25 000（交流）
送電線（最高使用電圧）	500 000（交流）
直流送電	25 000（直流）
雷の放電	数億～数十億（静電気，直流）

[†] 正確には，電気エネルギーは電力と時間との積である（ジュールの法則）。

電力は従来から，遠く離れた発電所で発生させて各家庭まで運ばれてくるというのが一般的である。電力は電線を介して送るため，電線の電気抵抗による損失が発生してしまうのは避けられない。抵抗による損失は，電流の2乗に比例した熱（ジュール熱）の形で放散される。また，電力は電流と電圧の積である。したがって，電気を送るにはできるだけ高い電圧で送るほうが損失が少ない。

そのため発電所からは，最初は50万Vという非常に高い電圧で送電され，徐々に電圧を下げながら各家庭に供給される。図1.1に一般的な送配電網を模式的に示す。27万5千～50万ボルトから，15万4千ボルト，6万6千ボルト，6 600Vと降圧され，最後は柱上変圧機で100～200Vに降圧され各家庭に供給される。日本中に張り巡らされた電力網のほとんどは交流であるが，本州と北海道および四国を結ぶ電力網には直流送電が用いられている。

雷の電圧は数億～数十億ボルトと非常に高く，大きなエネルギーを有しているが，いまだに人類はこれを有効に利用することはできない。

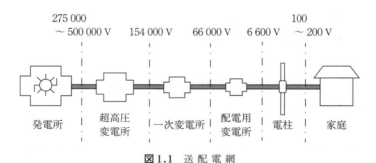

図1.1　送配電網

1.1.2　直流と交流

電気には**直流**と**交流**がある。これは，電気の作り方に関連している。**表1.2**に直流と交流の比較を示す。一般に，化学変化や半導体の光電変換で発生させる電気は電圧1V程度の直流である。したがって，乾電池や燃料電池および太陽電池などから作ることができる電気は直流である。また，エレキテル[†]のよ

[†]　オランダで発明された摩擦電気を蓄積する装置。日本では，江戸時代に平賀源内が復元させたことで有名。

表 1.2 直流と交流

	直　流 (DC：direct current)	交　流 (AC：alternating current)
定　義	電流の流れる方向が一定	電流の流れる方向が逆転
電源の図記号	(＋) ─┤├─ (－)	(＋⇔－) ─〜─ (－⇔＋)
発生源	・乾電池 ・蓄電池 ・太陽電池 ・燃料電池	・発電所 　　水力，火力，原子力など ・風力発電 ・地熱発電
適　用	・パソコン ・携帯電話 ・LED 照明 ・直流モータ ・直流送電	・家庭用商用電源 　　日本：50/60 Hz, 100 V 　　欧米：200 V ・交流モータ ・変圧器

うに静電気を発生させる場合も直流である。

　一方，発電機を連続的に運転させる場合は，回転を利用しているため交流のほうが作りやすい。したがって，従来からの火力，水力，原子力など大規模な発電システムや風力発電，地熱発電などから供給されているのは交流である。

　人類が最初に手に入れた電気は直流である。1800 年のボルタ電池の発明は画期的であった。このときから連続した電気の利用が可能になった。交流の起源は 1831 年のファラデーの**電磁誘導**の発見である。最初は電磁誘導も直流の発生に使用されていたが，1882 年には交流発電機が発明された。

　その後，1880 年代後半の米国では電力事業に直流を用いるか，交流を用いるかという"電流戦争"が起こり，1890 年に経済性の良好な交流が勝利した。このときは，電気の歴史に名を残すエジソン（直流側）とウェスチングハウス，テスラ（交流側）が敵対関係にあった。そして今日に至るまで，全世界の家庭には交流が供給されている。

1.1.3 電力発生源の多様化

2011年3月11日に発生した東日本大震災は原子力発電の安全神話を崩壊させた。現在，稼動を停止している大多数の原子力発電所は再稼働すら難しい状況にある。原子力発電の普及には，核廃棄物を排出しない核融合の実用化が必要かもしれない。そのため，現状は二酸化炭素（CO_2）を大量に発生させる化石燃料に依存した火力発電の利用に逆戻りしている。それが原因かどうかは不明であるが，世界的な異常気象が続いている。

このような状況のなかでの低炭素化社会実現のためには，自然エネルギーの有効活用がその鍵を握っている。特に，太陽光発電に大きな期待がかけられている。集中型のメガソーラー発電から各家庭の屋根に設置した太陽電池まで，広範囲に普及しつつある。

ただし，太陽光発電は夜間はまったく発電できず，曇りのときは発電量が落ちるという非常に不安定な発電システムである。そのため現状では，太陽光発電は，従来からの電力会社からの給電との併用が前提である[†]。夜間は外部系

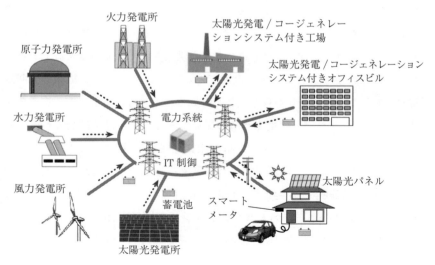

図1.2 分散型発電とスマートグリッド

[†] 単独での使用のためには，蓄電器の飛躍的な高性能化が要求される。

統からの給電を受け，逆に電力の余る昼間は外部系統に電力を返すシステムを構築しなければならない。そのためには**図1.2**に示した**スマートグリッド**の普及が必須となる。スマートグリッドの実現のためには，電力の供給系統と並列に，工場，オフィスビル，そして各家庭ごとの電力の過不足情報を把握するための情報管理システムを併せて構築する必要がある。

　自然エネルギーを利用した発電には，太陽光発電以外にも風力発電や潮力，波力などを利用したものがあるが，一般的に不安定である。スマートグリッドの普及により電力供給の安定化を図り，低炭素化社会の実現に近づくことができる。

1.1.4　電力変換の重要性

　図1.3は，スマートグリッドの一要素である一般家庭における分散型発電を模式的に示したものである。各家庭に設置可能な太陽電池や燃料電池で発生する電気は直流である。一方，家庭内に供給されているのは100Vの交流である。したがって，さまざまな形態の電気エネルギーを家庭で使用できるように変換する必要がある。

　逆に，家電製品が必ずしも交流で動作するわけではない。パソコンや**LED**

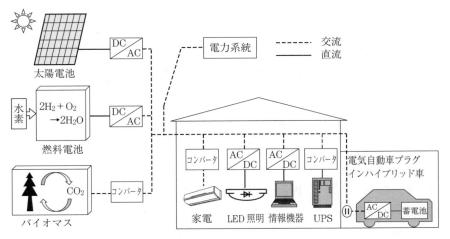

図1.3　分散型発電における電力変換

（light emitting diode）照明は直流で動作する。その場合は交流を直流に変換する必要がある。また，エアコンや冷蔵庫などの交流モータ駆動の電気製品を動かす場合でも電圧や周波数の変換が必要である。家電製品にはおもに誘導モータが用いられている。

無停電電源（UPS：uninterruptible power supply） は，現状一般家庭での普及率は低いが，病院では欠かせない設備である。もし，手術中に停電になれば患者の命に関わる事態になるが，そのような場合にUPSがあれば一定時間電気を供給可能である。

電気自動車やプラグインハイブリッド車は，未使用時には，直流に変換して搭載した電池を充電する必要がある。逆に停電時には，蓄電池として機能させることにより，家庭への電力供給源として期待できる。自動車用途では，誘導モータと同期モータの両方が用いられている。

このように分散型発電においては，交流から直流への変換，直流から交流への変換，交流-交流間の周波数あるいは電圧の変換といった電力変換が頻繁に行われる。したがって，分散型発電の実現のためには，電力変換における効率をいかに向上させるかが最も重要な技術となる。言い方を変えると，パワーデバイスによる電力変換の効率が向上したことにより，スマートグリッドのようなシステムが検討可能なレベルに至ったともいえる。

1.2 パワーデバイスの用途

1.2.1 パワーデバイスの適用

パワーデバイスはさまざまな用途に用いられ，電力の変換・制御を行っている。パワーデバイスが用いられる分野は**表 1.3** に示すように，大まかに，電力，電気鉄道，産業，自動車，家電，情報・通信に分類できる。

数千ボルト以上の高電圧を扱う高耐圧分野に電力分野と電気鉄道分野がある。電力分野としては，直流送電や製鉄所の圧延プラントなどがあり，スイッチング用のパワーデバイスとして，耐圧が 1 700 ～ 10kV 程度までの**サイリス**

1.2 パワーデバイスの用途

表 1.3 パワーデバイスの適用分野

分 類	分 野	パワーデバイスの耐圧〔V〕	適 用
高耐圧	電 力	1.7k〜>10k	送配電網,圧延プラント
	電気鉄道	1.7k〜6.5k	電気鉄道
中高耐圧(中耐圧)	産 業	600〜1.7k	FA機器,エレベータ,太陽光発電,風力発電
	自動車	600〜1.4k	電気自動車,燃料電池車,ハイブリッド車
	家 電	600〜1.2k	エアコン,冷蔵庫,洗濯機
低中耐圧(低耐圧)	情報・通信	100〜600	パソコン,携帯電話

タや **HV**(high voltage)-**IGBT**(insulated gate bipolar transistor)が用いられている。電気鉄道分野は新幹線などの電気鉄道のモータ駆動用として,電力分野と同様,耐圧が1700〜6500Vのサイリスタや HV-IGBT が用いられている。

中高耐圧(あるいは単に中耐圧と呼ばれる)デバイスが使用される産業分野は,最も市場規模の大きい分野である。具体的には,**FA**(factory automation)機器などのインバータ制御によるモータ駆動に用いられる。また,エレベータやエスカレータおよび自動ドアなど,ビルシステムにもかかせないものとなっている。さらに,太陽光発電や風力発電などの自然エネルギーの有効利用の分野も含まれる。スイッチングデバイスとしては,耐圧が600〜1200VのIGBTがおもに用いられている。

自動車分野は,ハイブリッド車,電気自動車および燃料電池車のモータ駆動に用いられている。ガソリンエンジン車からのCO_2排出量削減の切り札として,急速に需要が伸びている。スイッチングデバイスとして,耐圧が600〜1400VのIGBTがおもに用いられている。

家電分野は,エアコンや冷蔵庫などの電化製品に用いられている。スイッチングデバイスとして,600Vおよび1200VのIGBTや **HVIC**(HV integrated circuit)†がおもに用いられている。

---

† 高耐圧を有する集積回路として,600〜1200VのHVICが開発されている。

情報・通信分野にはパソコンや携帯電話などの用途があり,電源用として低中耐圧(あるいは単に低耐圧と呼ばれる)のパワーデバイスが使用される。スイッチング用には,耐圧600 V程度以下の**パワーMOSFET**(metal oxide semiconductor field effect transistor)やHVICが用いられている。他の用途と比較すると,薄利多売の分野である。

1.2.2 電力容量と動作速度

図1.4は,電力変換のスイッチングに用いられるSiパワーデバイスを,横軸に動作周波数,縦軸に出力容量をとり,使用される領域で分類したものである。出力容量が大きいほど高耐圧で大電流を駆動できることを示す。また,動作周波数が高いほど高速駆動が可能であることを示している。

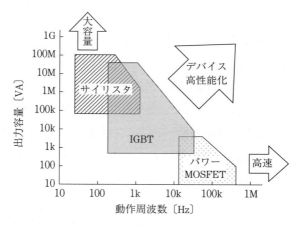

図1.4 パワーデバイスの適用領域

┌─ コーヒーブレイク ─

第二次世界大戦中のドイツ軍戦車で試作されたシリーズハイブリッド方式

自動車のエンジン駆動からモータ駆動への移行は,CO_2排出量削減に大きく貢献している。特にハイブリッド車は,その台数が急激に増加している。図にハイブリッド車の方式と特徴を示す。

シリーズハイブリッド方式は，ガソリンエンジンで発電してモータで駆動する．**パラレル方式**および**シリーズパラレル方式**は，エンジンとモータの両方を駆動に用いている．

ハイブリッド車の歴史は意外に古い．第二次世界大戦中のドイツにおいて，6号戦車であるティガー（Tiger）I 型は開発を2社で争った．1社はヘンシェルであり，もう1社がポルシェである．ポルシェは，有名なフェルジナント・ポルシェ博士が作った会社で，ティガーの設計もポルシェ博士が行った．このポルシェティガーがハイブリッド戦車であった．

駆動方式はシリーズハイブリッド方式で，今日ではトラックなどの大型自動車や船などに使われている方式であり，この方式を戦車に使おうというのは，じつに的を射た考えであった．結局，この開発競争にはヘンシェル社が勝利した．当時の周辺技術がポルシェ博士の発想についてこれなかったという事情のため，ポルシェティガーは日の目を見なかった．しかしながら，このポルシェティガーの車体は重駆逐戦車フェルジナント（後にエレファント）として復活した．天才の発想に技術がついてこれなかったという好例である．

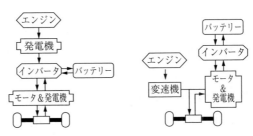

（a）シリーズハイブリッド方式　　（b）パラレル方式

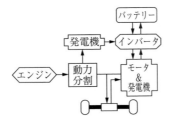

（c）シリーズパラレル方式

図　ハイブリッド車の方式と特徴

サイリスタは，動作速度は遅いが大容量デバイスが実現されており，古くから電力分野，電気鉄道分野に使用されてきている。しかしながら，IGBTの高耐圧化が実現した最近では，騒音の問題などで新規開発品はHV-IGBTに置き換わってきている。特に新幹線などの電気鉄道用途では，HV-IGBTの適用範囲が急速に広がっている。電車のモータ音が静かになったのは，サイリスタからIGBTに置き換わり，高速駆動が可能になったことによる。

パワーMOSFETは，電力容量は小さいが高速動作が可能であり，通信・情報分野では広く使用されている。パソコンや携帯電話のアダプターなどに使用されており，デバイスの単価は安いが市場規模は大きい。

産業，自動車，家電といった市場の大きい分野は，高速動作と大容量化の両方を両立できるIGBTの適用範囲が急激に伸展している。この領域での適用が省エネルギーおよび低炭素化社会の実現につながり，パワーデバイスが重要な役割を果たしている。

パワーデバイスの性能は大容量かつ高速駆動が可能なほど高い。つまり，図1.4において，右上にいくほど性能が高い。Siパワーデバイスは，Si集積回路で培われた技術を取り入れることにより急速に性能を向上してきた。

しかしながら，この性能がSiパワーデバイスでは限界に近いとされており，飛躍的な性能向上は望めない。そのためSi以外の材料に大きな期待がかかっている。その材料が本書の主題である**ワイドギャップ半導体**であり，その最有力候補が**SiC**（炭化けい素）と**GaN**（窒化ガリウム）である。

2 次世代パワーデバイスへの要求

本章では,電力変換の種類とパワーデバイスを用いた電力変換技術を概観し,次世代パワーデバイスへの要求を述べる。それらを踏まえて,ワイドギャップ半導体のパワーデバイス用材料としての優位性と現状のターゲット分野について解説する。

2.1 パワーデバイスによる電力変換

2.1.1 電力変換の種類

あらためて電力変換の種類を整理する。**表2.1**は電力変換の種類をまとめたものである。直流から直流における電力変換では,電圧の変換が行われる。電圧を下げるのが**降圧**であり,電圧を上げるのが**昇圧**である。例えば,電気自動車やハイブリッドカーにおいては,駆動源としてモータを用いているが,搭載しているバッテリーの12Vあるいは24Vでは電圧が低すぎるため,バッテリーの電圧を数百ボルトまで昇圧している。

交流から直流への電力変換は,いわゆる**整流**である。整流は**整流器**を用いて行われる。整流器は**ダイオード**と呼ばれることが多いが,正確には**レクティ**

表2.1 電力変換の種類

電力変換	変換機器
直流→直流	DC-DC コンバータ
交流→直流(整流)	コンバータ
直流→交流	インバータ
交流→交流	コンバータ/インバータシステム マトリックスコンバータ
交流→交流(電圧のみ)	変圧器

ファイヤ (rectifier) である。ダイオードは2端子素子を表す言葉であるが，2端子の能動素子の代表が整流器であるため，整流器がダイオードと呼ばれることが多い。

　直流から交流への電力変換はインバータによって行われる。インバータはスイッチで構成される。用いられるスイッチは，外部からの電流あるいは電圧信号によってオン/オフする電子デバイスであり，IGBT，パワー MOSFET，パワーバイポーラトランジスタおよび **GTO**（g̱ate t̲urn o̱ff）**サイリスタ**などが用いられる。

　交流から交流の周波数および電圧の電力変換は，コンバータとインバータを組み合わせたコンバータ/インバータシステムで行われる。コンバータで交流を直流に変換し，その直流からインバータを介して所望の電圧および周波数の交流を作り出している。交流から直接交流を作り出すマトリックスコンバータと呼ばれる装置も一部で使用されている。

　通常，交流から交流の電圧のみへの電力変換は，変圧器によって行われている。パワーデバイスを用いて行うことも可能であるが変換効率が劣る。パワーデバイスによる変圧器の置き換えが可能であれば，容積および重量を大幅に低減できるが，パワーデバイスの変換効率はそこまでは達していないのが現状である。

2.1.2　DC–DC コンバータ

　直流の電圧変換は，**DC–DC コンバータ**[†]によって行われる。例として，**図 2.1** にチョッパ回路の構成を示す。図（a）はスイッチングデバイスに IGBT を用いた**降圧チョッパ回路**である。IGBT がオンの場合は，コイルにエネルギーが蓄積されるとともに出力側に電力が供給される。IGBT がオフの場合は，コイルは直前の電流を保とうとしてダイオードをオンにする。すると，コイルの左側が接地電位となり出力側の電圧が下がる。IGBT のオン/オフの繰返しによって出力電圧を制御することができる。

---

　†　デコデコと呼ばれることがある。

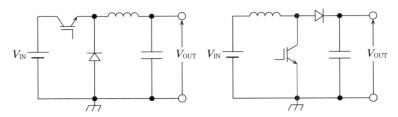

（a） 降圧チョッパ回路（$V_{IN} > V_{OUT}$）　（b） 昇圧チョッパ回路（$V_{IN} < V_{OUT}$）

図 2.1　DC-DC コンバータ回路

図（b）は，**昇圧チョッパ回路**である。IGBT がオンの場合はコイルにエネルギーが蓄積される。IGBT がオフの場合はコイルは直前の電流を保とうとして，入力電圧を昇圧して出力電圧が供給される。IGBT のオン時間が長いほどコイルに蓄積されるエネルギーが大きく高電圧が出力される。ただし，電圧が高いと電力を供給できる時間が短くなる。

2.1.3　コンバータ/インバータシステム

図 2.2 に，三相交流をコンバータにより整流して直流に変換し，インバータによるスイッチング動作により三相モータを駆動する場合の一般的な回路構

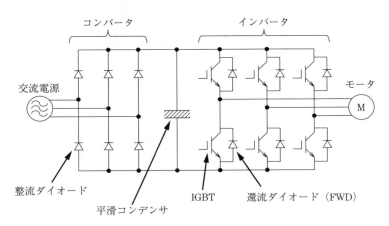

図 2.2　コンバータ/インバータシステム

成を示す。コンバータ部はダイオードで構成されており，整流作用によりいったん直流に変換される。平滑コンデンサは，電荷を蓄えるとともに脈流のないきれいな直流にする作用がある。なお，コンバータ部にスイッチング機能を持たせる場合もある。

インバータ部はスイッチングデバイスと**還流ダイオード**（**FWD**：free wheel diode）で構成されている。接続の●は省略している。図はスイッチングデバイスがIGBTの場合である。スイッチングにより直流が交流に変換され，三相モータの回転が制御される。モータはインダクタンス成分を有するため，スイッチングデバイスがオフになっても回路に流れる電流はすぐにはゼロにならない。その電流を回避するためのデバイスがFWDである。

インバータにおいてはIGBTの高速スイッチングによる**パルス幅変調**（**PWM**：pulse width modulation）により，所望の出力波形を作り出している。

図2.3に，2レベルインバータの出力波形を示す。IGBTのオン時間の制御とLCフィルタの組合せにより，正弦波に近い出力波形が実現される。

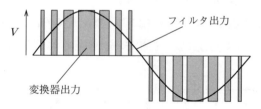

図2.3　インバータの出力波形

マルチレベル化により，さらに小型で高効率のインバータが実現できる。図2.4に，3レベルインバータにおける回路構成と出力波形を示す。$V/2$とVのPWMパルスを用いることにより，より正弦波に近い出力波形となる。その結果，LCフィルタの小型化が可能となる。さらに個々のIGBTの耐圧は2レベルインバータの場合の半分になる。高性能のIGBTが使用可能であり，スイッチング損失が低減できる。

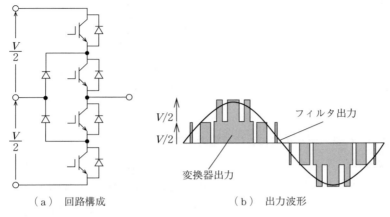

(a) 回路構成　　　　　(b) 出力波形

図 2.4　3 レベルインバータ

2.1.4　マトリックスコンバータ

図 2.5 は，**マトリックスコンバータ**を模式的に示したものである。マトリックスコンバータは，直接，交流から交流の電力変換を行い，モータを制御する装置である。この方式では，平滑コンデンサを必要とせず，システムの小型化が可能である。一方で，一時的に電荷を蓄積できるコンデンサがないため，瞬時停電に弱いという欠点がある。

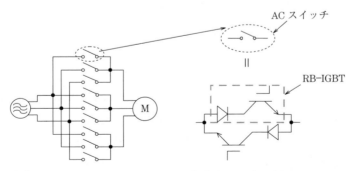

(a) マトリックスコンバータ　　　(b) AC スイッチと RB-IGBT

図 2.5　マトリックスコンバータ

マトリックスコンバータを実現するためには，**AC スイッチ**が必要である。AC スイッチは，逆方向にも十分な耐圧を有する IGBT を逆並列に接続することにより実現できる。逆方向耐圧を有する IGBT は直列にダイオードが接続された等価回路で表され，**逆阻止 IGBT**（RB-IGBT：reverse blocking IGBT）[†]と呼ばれる。

2.1.5 パワーデバイスにおける電力損失

図 2.6 に，スイッチングデバイスのオン/オフ動作と単純化した電力損失の関係を示す。オフ時には大きな電圧が印加され，**漏れ電流**が流れる。このときの損失（**オフ損失**）は，この漏れ電流による損失である。理想的には漏れ電流がゼロで，オフ損失がゼロである。

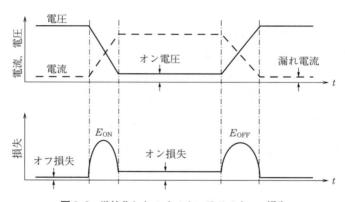

図 2.6 単純化したスイッチングデバイスの損失

オン時には負荷に大電流が流れる。このときは，デバイスのオン抵抗分の電圧降下がオン電圧として発生する。このオン抵抗による損失がオン損失である。理想的にはオン抵抗がゼロで，オン損失がゼロである。

オフからオン，オンからオフのスイッチング動作における過渡電圧と過渡電流の積が**スイッチング損失**である。オフからオンに切り替わるときの損失 E_{ON} と，オンからオフに切り替わるときの損失 E_{OFF} が発生する。理想的にはオン/

---

† 4.2.3 項参照。

オフ動作が瞬間的に行われれば,スイッチング損失はゼロとなる。

一般にオン抵抗の値とスイッチング損失の間には,一方の特性が向上すると他方の特性が劣化するというトレードオフの関係がある。パワーデバイスにおいては,**安全動作領域**(**SOA**:safty operating area)を含めた三者間のトレードオフの関係が存在し,トータルでの性能を向上させていく技術開発が要求される。

2.2 次世代パワーデバイスへの要求

2.2.1 Si スイッチングデバイスの進化[†]

図 2.7 は,電力スイッチング用 Si パワーデバイスの進化の歴史を示したものである。パワーデバイス実用化の歴史は,1960 年代にサイリスタによる大

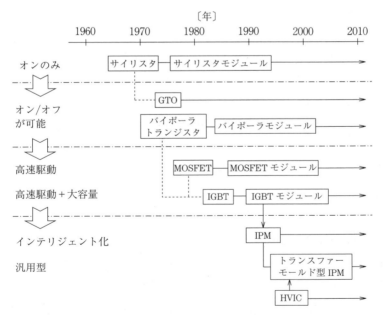

図 2.7 電力スイッチング用 Si パワーデバイスの進化

---

† 個別のデバイスの詳細は 4.1 節を参照。

電力制御が可能になったのが始まりである。ただし，サイリスタは外部信号によりオンはできるが，オフはできないデバイスである。サイリスタをオフにするには逆バイアスを印加しなければならない。したがって，複雑な回路を用いない限り，サイリスタが電力制御可能なのは交流に対してのみである。

つぎに，実用化された**パワーバイポーラトランジスタ**は，外部信号によるオン，オフが可能な**自己消弧**（自己ターンオフ）**型デバイス**である。パワーバイポーラトランジスタの実用化に刺激され，サイリスタにおいても構造開発により，自己消弧型デバイスである **GTO サイリスタ**が開発された。現在でも開発されているサイリスタは GTO 型である。

その後 1970 年代中ごろに，絶縁ゲートを用いた電圧制御型のパワー MOSFET が開発され，高速動作可能なパワーデバイスが実用化された。ただし，パワー MOSFET はユニポーラデバイスであり，電流駆動能力は小さい。

1980 年代中ごろ，絶縁ゲートによる電圧制御とバイポーラ型による大容量の両方を兼ね備えたデバイスとして IGBT が登場した。ただし，初期の IGBT は**ラッチアップ**して使い物にならなかった。ラッチアップ回避構造の発明により，IGBT は一躍パワーデバイスの主役となった。

さらに駆動回路や保護回路および制御回路を内蔵させ，スイッチングデバイスとともにインテリジェント化した **IPM**（intelligent power module）[†]が開発されパワーデバイスがいっそう使いやすいものとなった。さらに，HVIC の技術を適用して，すべて Si チップで構成したトランスファーモールド型の IPM が開発された。

2.2.2 Si-IGBT の性能向上

図 2.8 に，Si-IGBT の性能向上の過程を模式的に示す。Si-IGBT の最重要特性にオン抵抗とスイッチング損失がある。オン抵抗は導通損失に直結する。これらは，トレードオフの関係がある。したがって，ある世代の IGBT におけるオン抵抗とスイッチング損失の関係は，1 本の線で表せる。そして世代が変わ

---

† 5.1.3 項を参照。

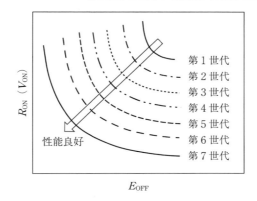

図 2.8 Si-IGBT におけるトレードオフと性能向上

り IGBT の性能が向上すると，トレードオフの関係は図中の左下方向に変化する。したがって IGBT の性能を比較する際には，一般に，オン抵抗とスイッチング損失の関係が用いられることが多い。

世代間のデバイス性能の向上は，微細化や新規デバイス構造の適用などにより実現される。微細化により，デバイスを高電流密度化できる。また，トレンチゲート化は，デバイスの高電流密度化とともに，オン抵抗を飛躍的に向上させた。デバイスの高電流密度化により，同時にデバイスの製造歩留りも向上する。

図 2.9 は Si-IGBT の大容量化の変遷である。最初に耐圧 600 V, 電流定格 100 A の IGBT が，その後 1 200 V 耐圧デバイスが市場投入された。さらに耐圧は，1 400 V, 1 700 V, 3 300 V, 4 500 V, 6 500 V と上がっていった。

通常，半導体デバイス用に用いられる Si ウェーハの厚さは，600 ～ 700 μm 程度[†]である。したがって，Si ウェーハ厚そのものを利用した場合，6 000 ～ 7 000 V 耐圧のデバイスが実現できる。Si でそれ以上の耐圧のデバイスを製造する場合は，1 mm 以上のウェーハを使用する必要がある。そのためには，専用のウェーハの調達と専用のデバイス製造ラインが必要となり，莫大な投資が必要となる。現状，そこまでには至っていない。

定格電流の増大はチップの大電流密度化によって実現されてきた。IGBT 1

[†] ウェーハの口径によって異なる。強度保持のため，口径が大きいほどウェーハ厚が厚い。

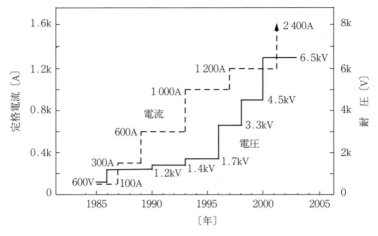

図 2.9 Si-IGBT の大容量化

チップの面積は最大でも 2 cm 角程度である。これは写真製版時のステッパーの最大露光エリアで決まる。第一世代 IGBT の**電流密度**は 100 A/cm^2 程度であった。その後，チップの微細化とトレンチゲート構造などの構造最適化により，高電流密度化が行われてきた。

現在では 200 A/cm^2 以上に高電流密度化されている。それでも 1 チップで流すことができる電流は 300 〜 400 A 程度である。それ以上の定格電流の増大はチップの並列接続で達成される。チップの並列接続により，数千アンペアの定格電流のモジュールが製造されている。

2.2.3　ワイドギャップ半導体の優位性

表 2.2 はさまざまな半導体の物性値である。これらの値は，材料の持つ固有の値である。パワーデバイスにとって最も重要な物性値は**絶縁破壊電界**である。SiC や GaN は，Si の 7 〜 10 倍の絶縁破壊電界値を有している。また，高速デバイスを実現するためには**電子移動度**および**電子飽和速度**が大きいことが重要である。さらに，動作時の発熱の抑制を考えると，**熱伝導度**が大きいほうが有利である。

2.2 次世代パワーデバイスへの要求

表2.2 ワイドギャップ半導体の物性値から見た優位性

		3C-Si	3C-GaAs	3C-SiC	6H-SiC	4H-SiC	2H-GaN	β-Ga$_2$O$_3$	3C-C
バンドギャップ	E_g〔eV〕	1.1	1.4	2.2	3	3.26	3.39	4.8〜4.9	5.45
バンドタイプ	—	間接	直接	間接	間接	間接	直接	直接間接	間接
比誘電率	ε	11.8	12.8	9.6	9.7	10	9	10	5.5
電子移動度	μ_n〔cm^2/Vs〕	1 350	8 500	900	370	720	900	300	1 900
絶縁破壊電界	E_b〔10^{6}V/cm〕	0.3	0.4	1.2	2.4	2.8	3.3	4〜8	5〜10
電子飽和速度	v_{sat}〔10^{6}cm/s〕	10	20	20	20	20	25	—	27
熱伝導度	κ〔W/cmK〕	1.5	0.5	4.5	4.5	4.5	1.3	—	20.9

表2.3に示したように,パワーデバイスに対するさまざまな**性能指数**(**FOM**:figure of merit)が提案されている。最もよく用いられるのは**バリガ指数**である。図2.10は表2.2の物性値を用いて,表2.3の性能指数を主要半導体に対して計算した結果である。例えば,最近注目されている4H-SiCのバリガ指数は,Siの100倍以上となり,GaNでは700倍程度になる。

さらにダイヤモンドのバリガ指数は,Siの数千倍の値であり,究極のパワー

表2.3 パワーデバイスの性能指数

指 標	算出式	指標の内容
Jhonson's FOM	$(E_b \cdot v_{sat}/2\pi)^2$	高周波・ハイパワーのデバイスに対しての性能指数
Keyes's FOM	$\kappa \cdot \sqrt{(v_{sat}/\varepsilon)}$	大電流スイッチングのデバイスに対しての性能指数
Baliga's FOM 1 (バリガ指数)	$\varepsilon \cdot \mu_n \cdot E_b^3$	ハイパワーのスイッチングデバイスに対しての性能指数
Baliga's FOM 2	$\mu_n \cdot E_b^2$	高速・ハイパワーのスイッチングデバイスに対しての性能指数
遮断周波数 (f_t) (MOS型)	$v_{sat}/2\pi$	デバイスの高速応答性を表す指数

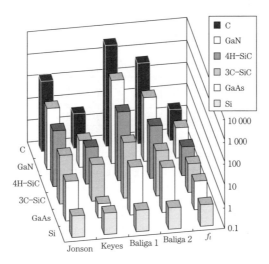

図 2.10 パワーデバイスとしての性能比較

デバイス用材料とされている。また，酸化ガリウム（Ga_2O_3）は，SiC および GaN とダイヤモンドの間のバンドギャップを有しており，最近，次世代パワーデバイスの候補に名乗りを上げた。

ただし，これらの指標は材料の持つ能力を最大限に引き出すことができた場合の数値であり，実現されているわけではない。現在試作されているワイドギャップ半導体パワーデバイスには，Si デバイスに比べて課題が山積みである。しかしながら Si パワーデバイスの性能は Si の材料限界に近い状態まで向上しているため，高性能デバイス実現の可能性を秘めたこれらの材料に大きな期待がかけられている。

2.2.4　ワイドギャップ半導体パワーデバイスのターゲット

図 2.11 に SiC と GaN が現時点でターゲットとしている分野を示す。パワーデバイスとしての実用化に最も近いワイドギャップ半導体は SiC である。図に示したように SiC パワーデバイスは，主流の Si-IGBT をさらに大容量化・高速化する分野で検討されている。

2.2 次世代パワーデバイスへの要求

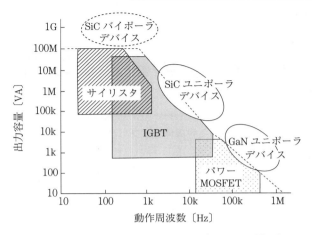

図 2.11 SiC および GaN パワーデバイスのターゲット

最初に市場投入された SiC パワーデバイスは**ショットキー障壁ダイオード**（**SBD**：Schottky barrier diode）である。続いて，パワー MOSFET の市場投入も始まっている。これらはともにユニポーラデバイス[†1]である。SiC を用いたバイポーラデバイス[†1]が実現するとさらなる大容量化が可能である。しかしながら，SiC バイポーラデバイスの実現には結晶欠陥密度の低減が要求される。それでも最近は，結晶欠陥密度の低減が進んでおり，バイポーラデバイスの試作が可能になってきた。

もう一つの実用化が近いワイドギャップ半導体である GaN を用いたパワーデバイスは，Si パワー MOSFET をさらに高速化する分野で検討されている。高速化のメリットは，高速動作により受動素子であるインダクタ（コイル）やキャパシタ（コンデンサ）を小型化できることである。

GaN パワーデバイスは横型デバイスが主であるが，低容量のデバイスであれば十分実用化可能である。GaN パワーデバイスを大容量化するためには，GaN の自立基板[†2]が必要であり，技術開発が行われているが，実現のためのハードルは高いのが現状である。

[†1] 3.1.2 項参照。
[†2] 11.2 節参照。

3 パワーチップの構造と製造方法

パワーモジュールに搭載される**半導体チップ**（**パワーチップ**）は，高耐圧を有し大電流通電を実現するため，広く用いられている Si 集積回路用の半導体チップの構造とは大きく異なっている。そのため，チップ製造プロセス条件も異なる。本章では，パワーデバイスの性能を満足させるための一般的なチップ構造と Si パワーチップの製造方法について述べる。

3.1 パワーチップの構造

3.1.1 パワーチップの種類

パワーチップには，整流ダイオードあるいは還流ダイオード用のパワーダイオードとスイッチングデバイスであるサイリスタ，パワーバイポーラトランジスタ，パワー MOSFET，および IGBT などがある。**表 3.1** にパワーチップの端子と回路図記号をまとめて示した。

パワーダイオードは，アノードとカソードの 2 端子を有する。サイリスタ，パワーバイポーラトランジスタ，パワー MOSFET および IGBT は，信号入力 1 端子と負荷に電力を供給するための 2 端子の合計 3 端子を有する。

サイリスタの信号入力端子はゲートであり，出力電流はアノード–カソード間に流れる。電流の流れる方向はダイオードの場合と同じである。

パワーバイポーラトランジスタはエミッタ接地で用いられる。信号入力端子はベースであり，出力電流はエミッタ–コレクタ間に流れる。表中の回路図記号は npn 型であり，pnp 型ではエミッタの矢印が反対向きである。矢印の向きは電流の流れる方向である。パワーバイポーラトランジスタとしては，一般に npn 型が用いられる。

3.1 パワーチップの構造

表3.1 パワーチップの端子と回路記号

	入力端子 (信号入力)	出力端子 (電流・電圧出力)	回路図記号
ダイオード	—	A(アノード)-K(カソード)	A —▷|— K
サイリスタ	G(ゲート)	A(アノード)-K(カソード)	A —▷|— K, G
バイポーラトランジスタ	B(ベース)	E(エミッタ)-C(コレクタ)	C-E, B
MOSFET	G(ゲート)	D(ドレーン)-S(ソース)	D-S, G
IGBT	G(ゲート)	E(エミッタ)-C(コレクタ)	C-E, G

　パワー MOSFET の信号入力端子はゲートであり，出力電流はドレーン-ソース間に流れる。表中の回路図記号は n チャネル MOSFET であり，p チャネル MOSFET ではソースの矢印が反対向きである。パワー MOSFET としては，一般に n チャネル MOSFET が用いられる。

　IGBT の信号入力端子はゲートであり，出力電流はエミッタ-コレクタ間に流れる。表中の回路図記号は n チャネル IGBT であり，p チャネル IGBT ではエミッタの矢印が反対向きである。矢印の向きはバイポーラトランジスタ同様電流の流れる方向である。パワー用途としては，一般に n チャネル IGBT が用いられる。

3.1.2　ユニポーラデバイスとバイポーラデバイス

　半導体中では，負の電荷を持った電子と正の電荷を持った正孔（ホール）の両方が電流を流す能力を有する[†]。半導体デバイスにはその構造により，電子あるいは正孔の一方で動作しているデバイスと，電子と正孔の両方が動作に関

---

† 金属中では電子のみが電流を流す能力を有している。

与しているデバイスがある。前者を**ユニポーラデバイス**，後者を**バイポーラデバイス**と呼ぶ。ユニは "1" を，バイは "2" をそれぞれ意味する。ダイオードおよびスイッチングデバイスの両方にユニポーラデバイスとバイポーラデバイスがある。それらをまとめたものを**表 3.2** に示す。

表 3.2 ユニポーラデバイスとバイポーラデバイス

	ユニポーラデバイス	バイポーラデバイス
整流器	ショットキー障壁ダイオード（SBD）	pn（接合型）ダイオード pin（接合型）ダイオード
電流制御型スイッチングデバイス		バイポーラトランジスタ サイリスタ
電圧制御型スイッチングデバイス	MOSFET	IGBT

　ダイオードには，**ショットキー障壁ダイオード**（**SBD**：<u>S</u>chottky <u>b</u>arrier <u>d</u>iode）と**接合型ダイオード**がある。SBD はユニポーラデバイスであり，pn 接合型および pin 接合型[†]はバイポーラデバイスである。

　電流制御型のスイッチングデバイスであるサイリスタやパワーバイポーラトランジスタはバイポーラデバイスである。電圧制御型のスイッチングデバイスであるパワー MOSFET はユニポーラデバイスである。同じ電圧制御型のスイッチングデバイスでも IGBT はバイポーラデバイスである。

3.1.3　パワーチップの断面構造

　図 3.1 に，半導体デバイスの代表として，多層配線構造の Si 集積回路と 600 V 耐圧の IGBT に関してその断面構造を比較して示す。それぞれエピタキシャルウェーハを用いたデバイスの断面構造である。

　図（a）に示すように，Si 集積回路に対してのエピタキシャルウェーハとしては，ラッチアップ防止やゲッタリングのため，p^-/p^+ 構造のエピタキシャルウェーハが用いられるが，エピタキシャル層の厚さはせいぜい 5 μm 程度である。そして，デバイスの構造が形成されるのは表面近傍の数マイクロメート

[†]　i は真性半導体を表す intrinsic の i であり，低不純物濃度であることを意味する。

3.1 パワーチップの構造

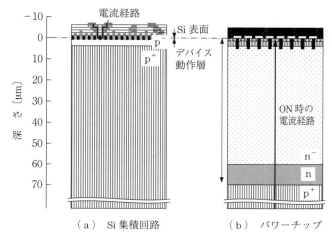

図 3.1 Si 集積回路とパワーチップの断面構造

ル程度の領域であり，チップ表面のみに電流を流すデバイスを形成している。個々のデバイス間は上部の多層配線で接続されている。

一方，図（b）に示したように，IGBT では電流を縦方向に流すため，表面側にエミッタ層，裏面側にコレクタ層を形成している。表面側にはスイッチング信号入力のためのトレンチゲートを形成している。ゲートオン時には，エミッタから電子が，コレクタから正孔が注入される。また，ここではパンチスルー型の IGBT の構造を示しており，裏面側に逆バイアス印加時の空乏層の伸びを抑制するための n 層を形成している。この場合の n^-/n 層は，高不純物濃度の p^+ 基板上にエピタキシャル成長で形成されている。

絶縁耐力（絶縁破壊電界）は物質固有の物性値であるため，材料によってはぼ決まってしまう。pn 接合を高耐圧化するための構造として pin 構造が用いられる。i 層（図中では n^- 層）を挿入することにより，最大電界を下げて高耐圧化している。

3.1.4 耐圧保持層の最適化

図 3.2 は，n^- 層厚をパラメータとした場合の不純物濃度と降伏電圧の関係

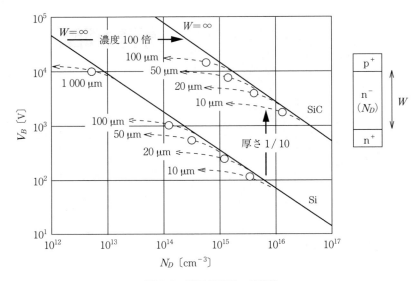

図 3.2 耐圧保持層の最適化

である。図中には，Si と SiC の場合を比較して示してある。n⁻ 層の厚さが厚いほど，n⁻ 層の濃度が薄いほど高耐圧となる。ただし，n⁻ 層の厚さに対しては，耐圧の上限が存在する。

この関係から，所望の耐圧に対しては n⁻ 層厚と不純物濃度の最適値がほぼ決まる。なぜならば，不必要に n⁻ 層を伸ばす，あるいは不純物濃度を下げることはオン抵抗の増加につながるためである。ワイドギャップ半導体パワーデバイスは，Si の代わりに絶縁耐力の大きい物質を用いることで，薄い n⁻ 層厚で高耐圧が実現できる。

図から明らかなように，SiC を用いることにより Si デバイスと比較して，同一の耐圧に対し耐圧保持層の厚さを 1/10 にすることができる。さらに，耐圧保持層の不純物濃度を 100 倍にできる。耐圧保持層はオン時に電流が流れる領域であり，オン抵抗を数百分の一にすることが可能である。

したがって，ワイドギャップ半導体を用いたパワーデバイスでは，小型化と高性能化が両立できる。さらに前述のように，Si チップ一つでは実現不可能

な 10 kV 以上の耐圧のデバイスも製造可能である．

3.1.5　パワーチップの電極構造

図 3.3 に，Si 集積回路とパワーチップ（IGBT）の表面電極構造を模式的に示す．図（a）に示すように Si 集積回路においては，信号の入出力はチップ上の配線を経由して，デバイス領域外に形成した専用のボンディングパッドから行っている．通常，Si 集積回路のボンディングワイヤには，数十マイクロメートル程度の径の金ワイヤが用いられる．

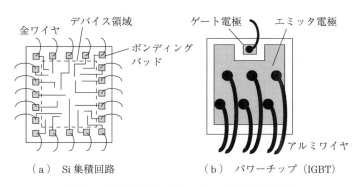

（a）Si 集積回路　　　　（b）パワーチップ（IGBT）

図 3.3　Si 集積回路とパワーチップの表面電極構造

一方，パワーチップでは 1 チップ当り，数百アンペアの電流を流す必要があり，専用パッドを用いて電流を取り出そうとすると大面積のパッドが必要になる．そのため，図（b）に示すようにパワーデバイスでは，300～400 μm 径のアルミニウムワイヤを，チップの活性領域直上に直接ワイヤボンドして電流を取り出す．

ワイヤボンディングはチップへのダメージの大きいプロセスである．パワーチップにおいてはデバイスの活性層がアルミニウム電極直下にある．ボンディング時のダメージを緩和するためパワーチップでは 3～5 μm 程度の厚いアルミニウム電極（図中のエミッタ電極）を形成している．

さらに，パワーチップは縦方向に電流を流すデバイスであり，裏面側にも大

電流を流すための構造が必要である。現状は，以前はSi集積回路にも採用されていた裏面はんだダイボンドプロセスを適用している。パワーチップの裏面には，はんだと合金化するためのニッケル電極を形成している。

3.2 パワーチップの製造方法

3.2.1 表面プロセス

図3.4に，半導体チップの製造フローを示す。ウェーハ表面に，不純物，絶縁膜，および金属配線のさまざまなパターンを形成するが，パターン形成はフォトレジストと呼ばれる高分子膜を用いた写真製版工程で行われる。フォトレジストは光学的なパターン形成が可能であり，化学的耐性が強く，加工時のマスクやイオン注入におけるストッパーの役割を果たす。Si集積回路にとってこの写真製版技術の向上により，いかに微細なパターンを形成するかが最重要課題である。

フォトレジストにはポジ型とネガ型がある。ポジ型は微細パターンの形成に有利であり，現状，Si集積回路にはすべてポジ型が用いられている。一方，ネガ型は微細化には不利であるが，ウェットプロセスに強く小口径のパワー

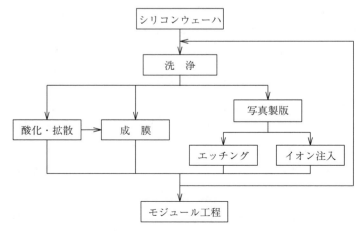

図3.4 半導体チップの製造フロー

チップ製造プロセスに残っている。

写真製版によるパターニング後に，不純物のイオン注入やエッチングによる形状加工が行われる。そのほかに，熱酸化による Si 酸化膜の形成，イオン注入不純物の熱処理による活性化および拡散，酸化膜そのほかの絶縁膜やポリ Si および金属膜の成膜が行われる。これらの工程を繰り返して Si デバイスの製造を行っている。

各工程間で異物や不純物除去のための洗浄や仕上がりの検査が行われる。それらを含め現状 Si デバイスでは，数百工程を経て製造される。それでも，パワーデバイスでは Si 集積回路に比べるとレイヤー数が少ないため，工程数も半分以下程度であり，製造工期も短い。

表 3.3 に，パワーチップの代表としてパワー MOSFET および IGBT のチップ製造プロセスを先端 Si 集積回路と比較して工程ごとに示す。Si 集積回路における最大の課題は高集積化のための微細化である。一方，パワーチップの課題は高耐圧化と損失の低減である。そのため，使用する Si ウェーハの結晶育成法および製造プロセスが大きく異なる。

出発材料である Si ウェーハとしては，Si 集積回路にはさまざまな低欠陥

表 3.3 チップ製造プロセスの比較

	先端 Si 集積回路	パワーチップ
シリコンウェーハ	・低欠陥 CZ ウェーハ ・アニールウェーハ ・薄膜エピタキシャルウェーハ	・厚膜エピタキシャルウェーハ ・FZ ウェーハ ・拡散ウェーハ（FZ＋拡散）
写真製版	・微細化対応露光技術	・両面アライメント
加 工	・STI ・CMP	・トレンチゲート ・厚アルミのエッチング ・薄ウェーハ化＋ダメージ除去
酸化, 拡散, イオン注入	・低温化 ・ゲート酸化膜薄膜化 ・浅い接合	・高温プロセス ・多層不純物層 ・裏面ドーパントの活性化
成 膜	・新材料 ・めっき	・厚アルミ ・裏面電極
その他	・平坦化 ・多層配線	・ライフタイム制御 ・表面保護

ウェーハが用いられる。パワーチップには抵抗率の安定したFZ（floating zone）ウェーハまたは厚いエピタキシャル層を有するエピタキシャルウェーハが用いられる[†]。

Si集積回路にとって最も重要なのが微細化の鍵を握る写真製版工程である。**STI**（shallow trench isolation）による素子分離構造や**CMP**（chemical mechanical polishing）による平坦化も微細化のための技術である。これらのプロセス技術開発が精力的に行われている。

また，Si集積回路ではデバイス性能向上のため，浅い接合形成やゲート酸化膜の薄膜化が進んでいる。そのため，プロセス温度は低温化している。さらに，強誘電体や磁性体の適用やシリサイド層形成のため，さまざまな新材料の適用が検討されている。

パワーチップの製造プロセスでSi集積回路と大きく異なるのは，現在主流のデバイスが数マイクロメートルの深いトレンチを有するため，接合はむしろ深く形成するところである。今後さらに高温化していくことはないと考えられるが，ある程度の高温プロセスは必要である。また，ゲート酸化膜の厚さも厚い。さらに，大電流を流すため厚いアルミニウムの形成と加工が要求される。

Si集積回路ではアルミニウム配線の加工はドライエッチングで行われるが，異方性のエッチングが主である。パワーデバイスでは厚いアルミニウムの加工が要求されるが，異方性のエッチングではレートが小さすぎる。パワーデバイスにおけるアルミニウムのドライエッチングにおいては，等方性のドライエッチングが要求される（小口径ウェーハで用いられるウェットエッチングは等方性である）。

3.2.2 ライフタイム制御

図3.5に，パワーダイオードの過渡特性を示す。順方向バイアスから逆方向バイアスにスイッチングされたとき，順方向に電流を流していたキャリヤは急には消滅しないため，n⁻層に存在するキャリヤが逆方向に流れる。このた

[†] FZウェーハとエピタキシャルウェーハの使い分けは，10.1.4項を参照。

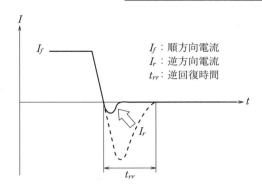

図 3.5 電力用ダイオードの過渡特性

め，図中の破線のように大きな逆方向電流 I_r が流れる。

パワーダイオードでは種々の手法により，キャリヤのライフタイムを調整して（短くして）逆方向電流の制御を行っている。ライフタイムの調整は，再結合中心を形成することにより行っている。ライフタイム制御により逆方向電流を抑え，逆回復時間 t_{rr} を短くできる。これにより応答速度を速くし，スイッチング損失を抑えることが可能となる。

表 3.4 は，種々のライフタイムの制御方法である。古いプロセスでは金や白金を基板中に拡散することにより実施していたが，金属の除去に王水を用いる必要があり，適用製品は減ってきている。

一般的には電子線照射によるダメージで再結合中心を導入している。ただ

表 3.4 ライフタイム制御

制御技術	特　　徴
金，白金拡散	・フロー的には，「デポ→拡散→除去」という半導体ウェーハプロセスで実現可能 ・他のプロセスとの分離が必要 ・除去には，王水処理が必要
電子線照射	・電子線照射設備が必要 ・基板全面に欠陥形成
プロトン，ヘリウム照射	・照射設備（サイクロトロンなど）が必要 ・建屋，装置管理の難しさ ・局所的なライフタイム制御が可能

し，電子線照射は電子が軽粒子であるため，基板の深さ方向全体に再結合中心が形成される。それに対し，照射粒子としてプロトンやヘリウムイオンなどの重粒子を用いることにより基板の深さ方向での位置制御が可能となる。ただし，プロトンやヘリウムイオン照射を行うためには放射線装置が必要であり，手軽にできるプロセスではない。専門の業者に委託して実施する必要がある。

照射によるライフタイムの制御は通常，大量に照射した後，アニール処理により欠陥を適度に回復させることにより行う。したがって，照射後のアニール処理の温度および時間管理が重要である。長時間アニールを行うと，導入した欠陥はすべて回復してしまう。

3.2.3 裏面プロセス

図 3.6 に表面側のウェーハプロセス後に裏面構造を形成する IGBT の製造フローを示す。表面側のウェーハプロセス後，ウェーハ表面の保護と薄ウェーハ化した場合の強度確保のため，ガラス基板または保護シートなどをウェーハ表面側に貼り付ける（図 (b)）。貼り付けには接着剤を用いるが，後のイオン注入は真空プロセスであるため密着性が重要である。

その後は裏面を処理するため，ウェーハを上下反転させて搬送する（図 (c)）。まず，グラインディングによりウェーハを薄化する（図 (d)）。ウェーハ厚は耐圧保持層の厚さ程度にする必要がある。

つぎに，良好な不純物層形成のため，グラインディングによる機械的ダメージを除去する（図 (e)）。ダメージ除去は化学的なエッチング処理で行う。その後，バッファ層となる n 型不純物およびコレクタとなる p 型不純物をイオン注入する（図 (f)）。

ドーパント不純物の活性化には 800～1 000℃以上の熱処理が必要である。表面にはアルミニウム電極が形成されているので，ウェーハ全体を高温にすることはできない。一般に，裏面のみを 1 000℃以上する手法に**レーザアニール**が用いられる。短波長のレーザを用いることにより，半導体中へのレーザの侵入長を制御できる（図 (g)）。

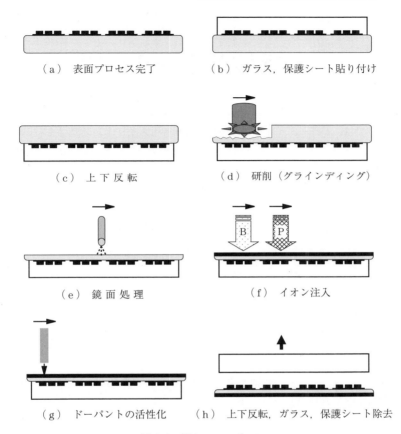

図 3.6　薄ウェーハプロセス

　その後，ウェーハを上下反転させてガラス基板または保護シートなどをウェーハから剥離する．必要に応じ，接着剤を除去する（図（h））．有機物である接着剤の除去には有機洗浄が必要である．

　将来的には，ワイドギャップ半導体パワーデバイスでも裏面プロセスを使用したデバイスが開発される可能性がある[†]．そのためには Si で用いられている技術を知っておくことは意味がある．

[†]　現状でも，低オン抵抗化のための裏面からの薄化は行われている．

各種パワーチップ

本章では，パワーダイオードおよび電力制御用スイッチングデバイスであるサイリスタ，パワーバイポーラトランジスタ，パワー MOSFET および IGBT の構造と特性を詳細に述べる。現在のパワーデバイスの主役である IGBT に関しては，多機能化に関しても解説する。

4.1　各種パワーチップの構造と特性

4.1.1　パワーダイオードの構造と特性

図 4.1 に，パワーダイオードの断面構造を示す。図（a）は pin 接合型ダイオード，図（b）はショットキー障壁型ダイオード，図（c）は **MPS**（merged p̲i̲n̲ and S̲chottky）**ダイオード**の構造である。低不純物濃度の n⁻ 層をはさんで

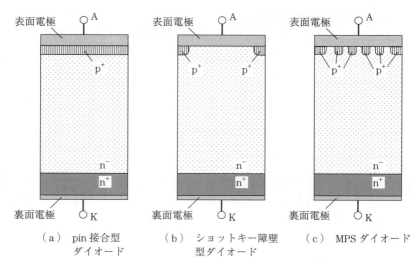

（a）pin 接合型ダイオード　　（b）ショットキー障壁型ダイオード　　（c）MPS ダイオード

図 4.1　電力用ダイオードの断面構造

いるため，**pin 接合型**と呼ばれる。すべてのダイオードにおいて，n⁻層で耐圧を保っている。

一般に，ダイオードの電流-電圧特性は式（4.1）で表される。

$$I_D = I_S \left\{ \exp\left(\frac{qV}{nkT}\right) - 1 \right\} \tag{4.1}$$

ここで，I_s は逆方向飽和電流であり，接合型では少数キャリヤの拡散，ショットキー障壁型では障壁の高さで決まる。n は，n 値と呼ばれる理想因子であり，通常 1～2 の値をとる。理想的には 1 であるが，再結合電流成分が多いほど大きな値となる。

図 4.2 は，ダイオードの電流-電圧特性である。順バイアスでは大きな電流が流れ，逆バイアスでは微小な電流しか流れない，いわゆる整流性を示している。図（b）は，片対数表示した場合の電流-電圧特性である。比較的大きな正バイアスの場合は $I = I_s \exp(qV/nkT)$ に近似され，負バイアスの場合は $I = I_s$ に近似される。

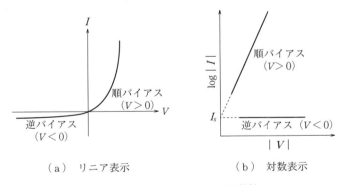

　　　（a）リニア表示　　　　　　（b）対数表示

図 4.2　ダイオードの電流-電圧特性

図 4.3 は，大きな電圧範囲における電流-電圧特性である。電圧が大きくなると，p 型半導体および n 型半導体自体に電圧がかかるようになり，半導体の抵抗値で決まる電流が流れるようになる。そのため，リニア表示において直線的な特性となる。このときの V_f を**立上り電圧**と呼ぶ。図（b）は片対数表示

38   4. 各種パワーチップ

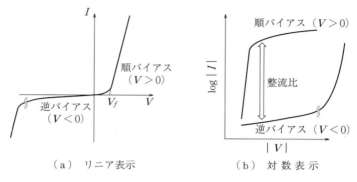

(a) リニア表示   (b) 対数表示

図 4.3　大きな電圧範囲における電流-電圧特性

した電流-電圧特性である。順バイアス時の電流と逆バイアス時の電流の比を**整流比**と呼び，この値が大きいほど整流性能が良好である。

表 4.1 に，pin 接合型ダイオードとショットキー障壁型ダイオードの特性比較を示す。順バイアスにおいては，pin 接合型のほうがショットキー障壁型ダイオードに比べて立上り電圧は高いが，通電能力が大きい。逆バイアスにおいては，pin 接合型のほうがショットキー障壁型ダイオードに比べてリーク電流は少なく，かつ耐圧は高く，良好な性能を有する。ショットキー障壁型ダイオードが優れているのは，立上り電圧が低く，高周波特性が良好な点である。

表 4.1　pin 接合型ダイオードとショットキー障壁型ダイオードの比較

	順バイアス		逆バイアス		キャリヤによる分類
	立上り電圧 V_f	通電能力	リーク電流 I_S	逆方向耐圧	
pin 接合型	高	大	小	高	バイポーラ
ショットキー障壁型	低	小	大	低	ユニポーラ

ショットキー障壁型ダイオードは逆方向耐圧が低いため，Si-ショットキー障壁型ダイオードは耐圧 100 V 程度までの低耐圧デバイスにしか用いられない。一方，ワイドギャップ半導体パワーデバイスでは，pin 接合型ダイオードと同等の耐圧を有するため，現状ショットキー障壁型ダイオードが主流である。

MPS ダイオードは，ショットキー障壁型と pin 接合型の双方の利点を生かしたデバイスである。立上り電圧はショットキー障壁型で規定され，逆耐圧は

pin接合型で規定されるように設計されている。

4.1.2 サイリスタの構造と特性

図4.4に**サイリスタ**の回路図記号と断面構造を示す。サイリスタは，pnpnの4層構造からなり，表面側のn層がカソード（K），裏面側のp層がアノード（A）である。ダイオードの場合と同様，n⁻層で耐圧を保持する。

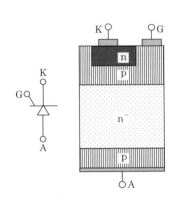

図4.4 サイリスタの回路図記号と断面構造

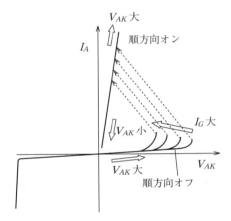

図4.5 サイリスタの電流-電圧特性

図4.5は，サイリスタの電流-電圧特性である。順方向オフの状態でサイリスタの順バイアスを大きくしていくと，ある点で急に大きな電流が流れる（順方向オン）。いったん順方向オンの状態になると，その後，電圧を下げても順方向オンの状態で電流が小さくなり，オフ状態には戻らない。この状態を**ラッチアップ**と呼ぶ。

順方向オンとなる電圧の大きさは，ゲート電流が大きいほど小さく，ゲート電流によるスイッチングが可能である。順方向オフの状態から順方向オンの状態になることを**点弧**と呼ぶ。逆に，順方向オンの状態から順方向オフの状態になることを**消弧**と呼ぶ。単純なサイリスタでは外部信号による消弧はできない。アノード-カソード間が逆バイアスされることにより消弧状態となる。

図4.6に，GTOサイリスタの構造と回路図記号を示す。GTOサイリスタで

40   4. 各種パワーチップ

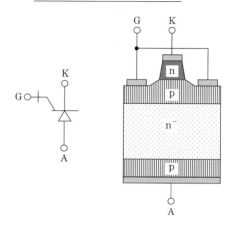

図 4.6 GTO サイリスタの回路図記号と断面構造

は，ゲート電極をカソード電極に隣接して配置している。ゲートを負バイアスすることにより，カソードからアノードに流れる電子を強制的に引き抜くことが可能となる。この機能により，自己消弧が可能になる。GTO サイリスタの進化型としてターンオフ能力を向上させ，ターンオフ時間を短縮させた **GCT**（g̲ate c̲ommuted t̲urn-off）**サイリスタ**と呼ばれるデバイスがある。

4.1.3 パワーバイポーラトランジスタの構造と特性

図 4.7 に，パワーバイポーラトランジスタの断面構造を示す。パワーバイ

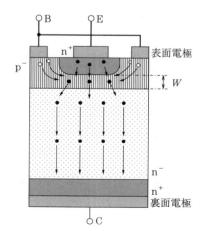

図 4.7 パワーバイポーラトランジスタの断面構造

ポーラトランジスタはパワーダイオードと同様，縦方向に電流を流し，n⁻層で耐圧を保っている。表面側にエミッタ（E）およびベース（B）端子，裏面側にコレクタ（C）端子がある。

図 4.8 は，パワーバイポーラトランジスタをスイッチングデバイスとして使用する場合にとられる，エミッタ接地における電流-電圧特性である。エミッタ接地では電流の増幅が可能である。$\beta = I_C / I_B$ を**エミッタ接地電流増幅率**と呼び，10～数百程度の値となる。β の値はエミッタ領域の不純物濃度を高くして，ベース幅（図 4.7 中の W）を短くするほど大きくなる。

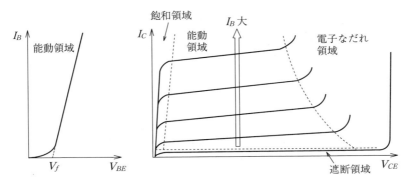

（a） I_B-V_{BE} 特性（入力特性）　　（b） I_C-V_{CE} 特性（出力特性）

図 4.8 パワーバイポーラトランジスタの電流-電圧特性

図（b）中にバイポーラトランジスタの動作領域を示す。遮断領域は電流の流れないオフの状態である。オン状態には，飽和領域，能動領域および電子なだれ領域があるが，通常は能動領域あるいは飽和領域で動作させる。飽和領域においては，エミッター-ベース接合，ベース-コレクタ接合ともに順バイアス状態であるが，能動領域においては，エミッター-ベース接合は順バイアス，ベース-コレクタ接合は逆バイアス状態である。能動領域では，V_{CE} が大きくなるほどベース領域に空乏層が伸びるため，実効的にベース幅が小さくなり I_B が増加する。この現象は**アーリー効果**と呼ばれる。

4.1.4 パワー MOSFET の構造と特性

図 4.9 にパワー MOSFET の断面構造を示す。図（a）は，プレーナゲート構造，図（b）は，トレンチゲート構造の MOSFET である。ともに表面にソース，裏面にドレーンを形成している。ゲートはポリ Si で形成される。デバイスの耐圧は n^- 層で保っている。トレンチゲート構造によりチップの高電流密度化が図れるため，最近の Si パワーデバイスはトレンチゲート構造が主流である。一方，SiC パワーデバイスはプレーナゲート構造からトレンチゲー

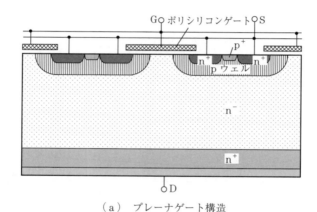

（a）プレーナゲート構造

（b）トレンチゲート構造　　（c）表面電極構造

図 4.9 パワー MOSFET の断面構造

4.1 各種パワーチップの構造と特性

ト構造への移行期にある。

図 (c) は,トレンチゲートパワー MOSFET の表面電極構造である。全面に表面電極を形成することにより,ソースと p ウェルを短絡している。ゲートは半導体内部を通し,チップ周辺部で表面に上げる構造をとっている。

パワー MOSFET を逆バイアス(ソースを正,ドレーンを負)した場合,ソース電極が p ウェルと共通にコンタクトをとっているため,ソースがアノード,ドレーンがカソードの pn 接合型ダイオードの構造が形成される。このダイオードは**ボディダイオード**と呼ばれ,MOSFET インバータモジュールの FWD として動作させることが可能である。

図 4.10 は,パワー MOSFET の電流-電圧特性である。ゲート電圧 V_G がしきい値電圧 V_{Th} を超えるとドレーン電流 I_D が流れ出す。ソース-ドレーン間電圧 V_{DS} の小さい線形領域では,ゲート電圧が大きくなると反転層中のキャリヤが増加し,電流が増加する。V_{DS} がピンチオフ電圧 V_P 以上の飽和領域では,一定の I_D が流れる。I_D は,$(V_G - V_{Th})$ の 2 乗に比例する。

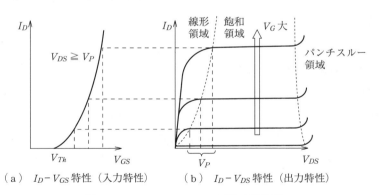

(a) I_D-V_{GS} 特性(入力特性)　　(b) I_D-V_{DS} 特性(出力特性)

図 4.10 パワー MOSFET の電流-電圧特性

図 4.11 に,**スーパージャンクション**(**SJ**:super junction)パワー MOSFET の構造を示す。n 層/p 層の繰返し構造は,n 型 Si 基板のエッチングと p 型 Si の選択エピタキシャル成長により形成される。図はプレーナゲート構造であるが,トレンチゲート構造の SJ パワー MOSFET も開発されている。

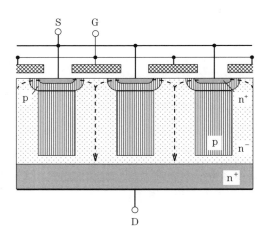

図 4.11 スーパージャンクションパワー MOSFET の断面構造

SJ 構造のパワー MOSFET ではドレーン-ゲート間容量が小さく，スイッチング損失を小さくすることが可能である。また，深い p 層にも空乏層が伸びる効果により，n^- 層の不純物濃度を上げることが可能であり，低オン抵抗が実現できる。その結果，600 V 程度の高耐圧 Si 製 SJ-MOSFET が実現されている[1]。

4.1.5 IGBT の構造と特性

IGBT は，パワー MOSFET の高速性とパワーバイポーラトランジスタの大電流駆動能力を兼ね備えたデバイスである。**図 4.12** に，IGBT の断面構造を示す。図は，トレンチゲート構造の IGBT である。IGBT と MOSFET の違いは裏面の構造である。裏面側に pn 接合ダイオードが形成されている。したがって，パワー MOSFET のようなボディダイオードの動作は期待できない。

IGBT では，p ウェル/n^- 層/p^+ コレクタで pnp バイポーラトランジスタが形成されている。ゲートに V_{Th} 以上の電圧が印加されると表面側の MOSFET がオン状態になる。すると，pnp バイポーラトランジスタにベース電流が流れ，オン状態になる。この状態ではエミッタから電子がコレクタから正孔が，それぞれ n^- 層に注入され大電流通電が可能となる。

4.1 各種パワーチップの構造と特性

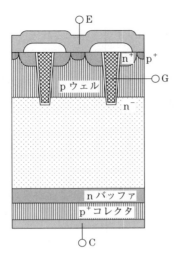

図 4.12 IGBT の断面構造

図 4.13 は，IGBT の電流-電圧特性である。ゲート電圧 V_G が高いほど，大きなコレクタ電流 I_C が流れる。IGBT はバイポーラデバイスであるが，バイポーラトランジスタがベース電流が入力信号の電流制御型であるのに対し，ゲート電圧が入力信号の電圧制御型であり，高速動作が可能である。

IGBT では裏面側に pn 接合ダイオードが形成されているため，V_{CE} が増大しても，すぐには I_C が増大しない。したがって，V_{CE} が pn 接合の立上り電圧 V_f 以上で電流が流れる特性となる。

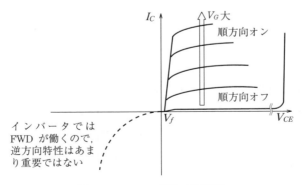

図 4.13 IGBT の電流-電圧特性

通常，IGBT の逆方向特性は十分には作り込まれていない。インバータでは並列に FWD が接続され，IGBT が逆方向にバイアスされる状況では FWD を通して電流が流れるので，逆方向特性はあまり重要ではない。

図 4.14 は，種々の IGBT の構造と順方向オフ時の内部の電界分布である。図（a）は，**ノンパンチスルー**（**NPT**：non punch through）型の IGBT の構造であり，n^- 層のみで耐圧を保持している。NPT 型では，最大のバイアス印加時でも空乏層は裏面 p^{++} 層までは到達しない。もし p^{++} 層まで空乏層が到達すると電流の制御ができなくなる。n^-/p^{++} 構造は，p^{++} 基板上への n^- 層のエピタキシャル成長あるいは n^- 基板への p 型不純物の裏面からの拡散で形成される。

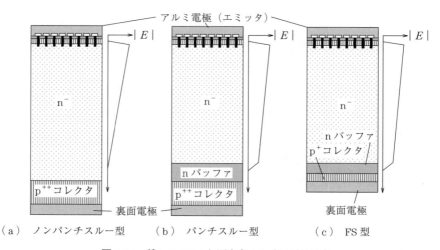

(a) ノンパンチスルー型　　(b) パンチスルー型　　(c) FS 型

図 4.14 種々の IGBT と順方向オフ時の電界分布

図（b）は，**パンチスルー**（**PT**：punch through）型の IGBT の構造である。裏面側に順バイアスオフ時の空乏層の伸びを抑制するための n 層を形成している。PT 型では，n^- を薄くしてオン抵抗を低減することが可能である。この場合の $n^-/n/p^{++}$ 構造は，エピタキシャル成長または裏面からの不純物の拡散で形成される。

図（c）は，**FS**（field stop）型または **LPT**（light punch through）型と呼

ばれており，PT型と同様オン抵抗の低減が可能である。また，裏面のp⁺層は最後に形成するため，ドーパント濃度の制御が可能である。そのため，オン動作時のホール注入量の制御が可能であり，PT型で必須のライフタイム制御なしでデバイスが製造できる。FS型では高価なエピタキシャルウェーハを使用しないことと，ライフタイム制御プロセスが不要なことで，低コスト化が可能である。そのため，1200Vクラスの Si-IGBT では主流の構造になってきている。

図4.15に，プレーナゲートIGBTとトレンチゲートIGBTのオン抵抗の構成を示す。R_{MOS} は MOSFET 部分の動作時のチャネル抵抗である。R_J は **JFET** (junction FET) 抵抗と呼ばれ，pウェル間に挟まれた部分の抵抗である。R_D はドリフト層の抵抗である。

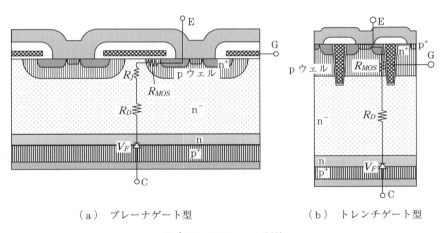

(a) プレーナゲート型　　　　(b) トレンチゲート型

図4.15 IGBT のオン抵抗

飽和電圧 $V_{CE(sat)}$ は，IGBT の重要特性である。$V_{CE(sat)}$ は，それぞれのオン抵抗による電圧降下と裏面側の pn 接合の V_f を合わせて以下で表される。

$$V_{CE(sat)} = (R_{MOS} + R_J + R_D)I_C + V_f \tag{4.2}$$

図(b)のトレンチゲートIGBTには R_J 成分がなく，低 $V_{CE(sat)}$ が実現可能である。

4.2 IGBTの多機能化

4.2.1 IGBTの逆方向特性

IGBTの多機能化として，逆方向特性を作り込んだIGBTが開発されている。図4.16は，**逆導通IGBT**（**RC-IGBT**：reverse conducting IGBT）と**逆阻止IGBT**（**RB-IGBT**：reverse blocking IGBT）の電流-電圧特性である。RC-IGBTはIGBTにFWDの特性を付加し，逆バイアスでも電流を流せる。RB-IGBTは逆バイアスで十分な耐圧を有する。

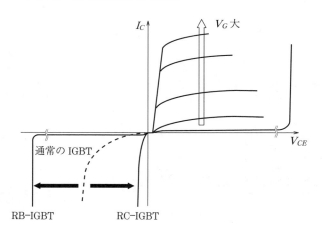

図4.16　RC-IGBTおよびRB-IGBTの電流-電圧特性

4.2.2 RC-IGBT

図4.17に，プレーナゲート型のRC-IGBTの構造と動作を示す。裏面にn^+層とp^+層の両方を形成している。p^+層を形成した領域はIGBTとしてはたらく。一方，n^+層を形成した領域はFWDとしてはたらく。

図（a）は，IGBTが順方向バイアスでオン状態における動作を示している。MOSチャネルを通して電子が流れ，コレクタのp^+層から正孔が注入され，コレクタからエミッタに電流が流れる。図（b）は，IGBTが逆方向バイアスさ

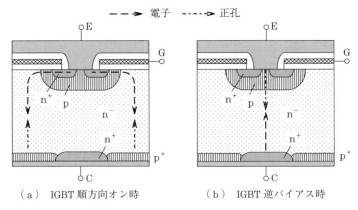

(a) IGBT 順方向オン時　　　(b) IGBT 逆バイアス時

図 4.17 逆導通 IGBT の構造と動作

れた場合である。この場合は，p ウェルと n⁻ 層が単純な pn 接合を形成している。また，裏面に n⁺ 層を形成することにより，裏面電極とのコンタクトがとられている。したがって，エミッタからコレクタに電流が流れ FWD として動作する。

RC-IGBT により，チップ数の削減とそれに伴うモジュールの小型化と低コスト化が可能である。ただし，FS 構造化の難しさなどチップ性能の向上には課題がある。

4.2.3 RB-IGBT

図 4.18 に，RB-IGBT の構造と逆バイアス印加時の電界強度（破線）を示す。RB-IGBT では，裏面の pn 接合が逆バイアスされることにより，裏面から空乏層が伸展しても側面での耐圧劣化が発生しないようチップ側面に p 型不

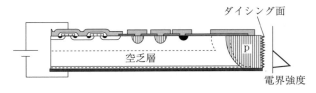

図 4.18 逆阻止 IGBT の構造

純物層を形成している。この構造により,裏面から伸びる空乏層がチップ側面の低耐圧のダイシング面に接触することなくチップ表面に達し,耐圧が劣化することはない。

RB-IGBT を逆並列に接続することにより,AC スイッチを構成することができ,**マトリックスコンバータ**†1 が実現できる。さらに,**図 4.19** に示すように **NPC コンバータ**†2 が少ないチップ数で実現できる。従来型では 6 チップで構成していた回路が 2 チップで構成可能となる。

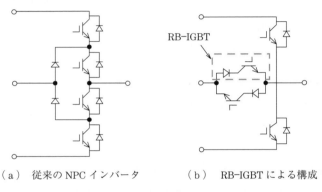

（a） 従来の NPC インバータ　　　（b）　RB-IGBT による構成

図 4.19　RB-IGBT を用いた NPC コンバータ

---

† 1　2.1.4 項参照。
† 2　2.1.3 項参照。

5 パワーモジュールの構造と製造方法

　パワーモジュールは，高耐圧を有し大電流通電を実現するため，パワーチップを搭載するパッケージ構造がチップ構造以上に Si 集積回路とは大きく異なる。また，パワーモジュールでは大電流通電のため，1スイッチを並列で接続する場合がある。並列接続するチップの特性はできるだけそろえることが望ましく，チップ状態でのテストが要求される。本章では，パワーモジュールの構造とテストおよびパッケージング技術について述べる。

5.1　パワーモジュールの構造

5.1.1　パワーモジュール搭載チップ

　図 5.1 に，コンバータ/インバータシステムと，さまざまなモジュールの搭載チップを示す。破線は個々の単位モジュールを示す。パワーデバイスには，**スイッチングデバイス**およびダイオードを単体で搭載した**ディスクリートデバイス**がある（図中の①）。

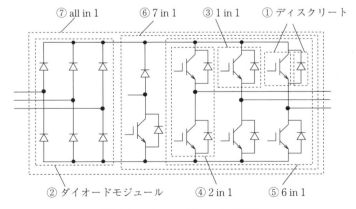

図 5.1　パワーモジュールの種類

複数チップを搭載したパワーモジュールには，コンバータ部をモジュール化した**ダイオードモジュール**がある(図中の②)。インバータ部のスイッチングデバイスのモジュールには，1スイッチ分のIGBTとFWDをモジュール化した**1 in 1**タイプ(図中の③)，2スイッチ分をモジュール化した**2 in 1**タイプ(図中の④)，6スイッチ分をモジュール化した**6 in 1**タイプ(図中の⑤) がある。

さらに，スイッチングデバイスに回生ブレーキ回路を含んだ**7 in 1**タイプ(図中の⑥) がある。そして，コンバータ/インバータ機能すべてを搭載した**all in 1**タイプ(図中の⑦) まで市販されている。大電流を扱うときは，各スイッチを並列チップで構成するので，多いものでは数十個のパワーチップを搭載したモジュールがある。

5.1.2 パワーチップのモジュール化

図5.2に，IGBTでインバータを構成する場合の1スイッチ分のチップ配置を示す。IGBT，FWDともに縦方向に電流を流すが，オン時のIGBTでは，下から上方向に電流が流れ，FWDでは，上から下方向に電流が流れるように構造設計されている。したがって，図のようにIGBTのコレクタとFWDのカ

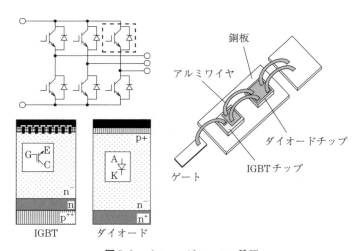

図5.2 パワーモジュールの種類

ソードを一つの金属板（通常銅板）上に搭載し，上部電極を配線（通常，アルミニウムワイヤ）することにより，1スイッチが形成できる。

上部配線は大電流を流すため，300～400 μm の太いアルミニウム線で複数本のワイヤボンディングを施す。また，信号入力のためのIGBTのゲートは別に配線している。

図5.3に3相インバータ分の単純な配置例を示す。図中の①のインバータ高圧側配線には，3スイッチ分のIGBTのコレクタとFWDのカソードが配置されるため，一つの金属板①に配置される。高圧側のIGBTのエミッタとFWDのアノードは低圧側のIGBTのコレクタとFWDのカソードが搭載された銅版（③～⑤）に配線され，3相モータ負荷に接続されている。

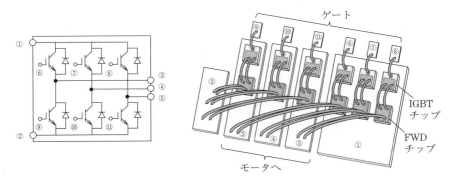

図5.3　パワーチップのモジュール化 2

低圧側のIGBTのエミッタとFWDのアノードは，低圧側の一つの金属板②にアルミニウムワイヤにより接続される。⑥～⑪はIGBTのゲート電極から配線される。図は単純な配置例であるが，実際は寄生インダクタンス成分が小さくなるようアルミニウムワイヤの長さが短くなるようなチップ配置の工夫がなされる。

5.1.3　パワーデバイスのインテリジェント化

IPMは，IGBTなどのスイッチングデバイスおよびFWDのディスクリート

チップに加え，制御機能および駆動機能や保護機能までを一つのモジュールに持たせたモジュールである。

図5.4にIPMの構成をIGBTモジュールとの比較で示す。ディスクリートチップのみを入れたものがIGBTモジュールであり，駆動回路や保護回路および制御回路まで組み込んだものがIPMである。通常，IPMには温度と電流に対する保護機能が組み込まれている。したがってIPM用のIGBTチップでは，同一チップ上に温度センサや電流センサが作り込まれている。温度センサとしては，別にサーミスタを搭載する場合もある。

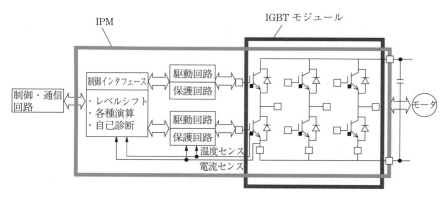

図5.4 IPMの構成

IGBTモジュールの場合は，システムメーカーが独自に駆動回路や保護回路を設計して使用している。高い設計力を発揮できるメーカーは独自技術により，IGBTモジュールの能力を最大限に引き出すことを試みる。一方，IPMを使用するシステムメーカーは，自ら駆動回路や保護回路を設計する必要はなく，比較的容易にインバータの設計が可能である。IPMでは，ユーザーが少々乱暴な扱いをしても許容できるよう安全サイドに設計されている。したがって，パワーチップの性能を限界まで引き出す設計にはなっていない。

インバータにおいては，上側のIGBTと下側のIGBTを駆動するための信号は電気的に絶縁する必要がある。信号の電気的な絶縁には**フォトカプラ**が用いられる。しかしながら，フォトカプラの信頼性はあまり高くない。現在，

1 200 V までの絶縁耐圧を有する集積回路である HVIC が実現されている。比較的低容量の 600 〜 1 200 V の IPM は，フォトカプラを使わず HVIC を用いて，すべて Si チップで製造されている。したがって，信頼性の高い IPM が実現できている。

5.1.4　ケースタイプとトランスファーモールドタイプ

図 5.5 は，**ケースタイプ IGBT モジュール**の構造である。ケースタイプのパワーモジュールでは，樹脂ケース中にパワーチップを搭載した絶縁基板を収め，直径 300 〜 400 μm のアルミニウムワイヤを複数本用いて配線を施す。電流は銅電極を介して外部に取り出す。ゲート配線にもアルミニウムワイヤが用いられる。そして，パワーチップの封じ込めにはゲルが用いられる。また，大電流を流すため発熱量が多く，銅の大きなヒートシンクが付加される。ケースタイプでは大電流を流すため，しばしば一つのスイッチを複数チップを並列に接続して構成する。そのため，例えば電気鉄道用の IGBT モジュールは，数十センチメートル角の大きさとなる。

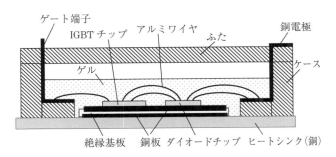

図 5.5　ケースタイプパワーモジュールの構造

図 5.6 に示した**ケースタイプ IPM** では，IGBT モジュール部と制御基板を 2 階建てにした構造がとられる。1 階の IGBT モジュール部はゲルで封じ込め，2 階の制御基板には駆動機能および保護機能を持ったパッケージ IC が搭載され，樹脂封じ，またはふた止めする。電流は，IGBT モジュールと同様，銅電極を介して外部に取り出す。加えて，外部からの信号入力用の制御端子を有する。

56   5. パワーモジュールの構造と製造方法

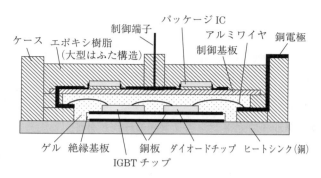

図 5.6 ケースタイプ IPM の構造

図 5.7 のトランスファーモールドタイプ IPM は，家電用などの比較的低容量の IPM に用いられる。ディスクリートチップの IGBT および FWD とゲート駆動のための HVIC，およびそのほかの制御 IC などがチップ状態で搭載され，モールド樹脂で封じ込められている。

ボンディングワイヤには大電流を流す部分にアルミニウムワイヤ，信号伝達用に通常の Si 集積回路と同様，金ワイヤが用いられる。また，熱伝導性を有する絶縁放熱シートに銅箔を貼り付け，外部から冷却できる構造になっている。加えて，パワーデバイス用のモールド樹脂には，熱伝導性を上げるため，低熱抵抗化のためのフィラーが含まれている。

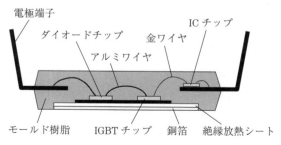

図 5.7 トランスファーモールドタイプ IPM の構造

5.1.5 パワーモジュール構成要素の熱抵抗

パワーデバイスは高耐圧を有し大電流を流すデバイスであるため,チップ構造および製造プロセス以上に,パッケージの構造が Si 集積回路とは大きく異なる。パワーモジュールに対する重要な要求性能は,① 高絶縁性,② 大電流通電能力,③ 放熱性,④ 高信頼性,である。さらにワイドギャップ半導体パワーデバイスでは高温動作が可能であり,高温対応のパッケージ†が要求される。

以前は,設計者の経験と勘が頼りであり,試行錯誤しながらパッケージを設計していた。最近ではシミュレーションの精度が向上し,シミュレーションを駆使したパッケージ設計が行われるようになり,開発期間が短縮できるようになった。パワーモジュールに必要な解析ツールは,電磁界解析,熱解析および応力解析のためのシミュレーションツールである。

パワーデバイスは大電流を流すため,大きな発熱をともなうデバイスである。通常,高温使用限界はチップ表面とボンディングワイヤの接合部の温度(**接合温度** T_j)で規定される。動作中のデバイス温度を T_j 以下に保つため,さまざまな放熱構造がとられている。T_j は現状 150℃ が一般的であるが,冷却機構簡略化のためシステム側からの高温化の要求が強い。Si パワーデバイスでは,T_j の 175℃ 化が進められている。SiC パワーデバイスは高温駆動が魅力の一つであり,T_j の 200〜300℃ 化が検討されている。

図 5.8 にチップ下の断面構造,**図 5.9** にパワーモジュール内の各部の熱抵抗の模式図を示す。**周囲温度**(T_a),**フィン温度**(T_f),**ケース温度**(T_c)として,各部間の熱抵抗により T_j が決まる。パワーチップの熱抵抗,はんだの

図 5.8 チップ下の断面構造

---

† 15.2 節参照。

58   5. パワーモジュールの構造と製造方法

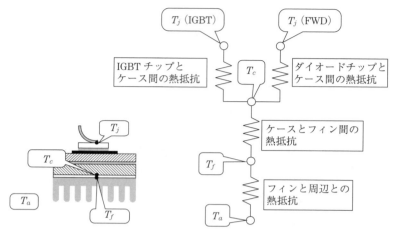

図 5.9 パワーモジュール内の熱抵抗

熱抵抗,絶縁基板の熱抵抗,ベース板の熱抵抗すべてを低減する必要がある。フィンによる空冷や水冷などの外部からの強制冷却も行われる。電気絶縁と放熱は,ともにパワーデバイスの重要要素であるが,相反する性能であり,いかに両立させるかが重要課題である。

5.2 パワーモジュールの製造方法

5.2.1 パワーモジュールの製造プロセスフロー

図 5.10 に,パワーモジュールの製造プロセスフローを示す。ケースタイプ,トランスファーモールドタイプともに,最初にウェーハプロセスにより形成したパワーチップをダイシングにより切り分ける。つぎに絶縁基板上に形成した銅板上にチップをダイボンドし,その後,ワイヤボンドにより各チップを配線する。

ケースタイプではゲルによりチップを封じ込め,その後,ケースにふたをする。トランスファーモールドタイプでは金型を用いたモールド封じを行い,端子加工(切断と曲げ)を行う。

5.2 パワーモジュールの製造方法　59

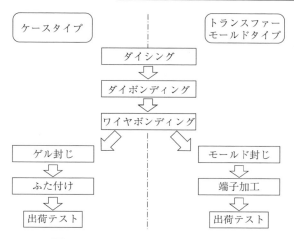

図5.10 パワーモジュールの製造フロー

5.2.2 ダイシング

図5.11（a）に**ダイシング**の概念を示す。ウェーハプロセスが完了したウェーハを金属製のダイシングリングを有するダイシングシートに貼りつける。そして，刃先にダイヤモンドなどの砥粒を付着させた**ブレード**を高速回転

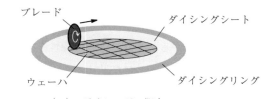

（a）ダイシングの概念

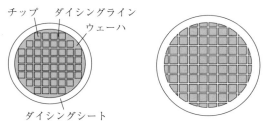

（b）ダイシング前　　（c）ダイシング/エキスパンド後

図5.11 ダイシング

させて個々のチップに切り分ける。ダイシングに用いられるブレードは，硬い物質の切断は比較的得意である。一方，アルミニウムのような柔らかい物質は刃先に残存し切れ味を劣化させる。そのため，チップ間にはできるだけ余分な物質を残さないようにした**ダイシングライン**が形成される。通常，ダイシングラインの幅は，100 μm 程度である。

図（b）はウェーハをダイシングシートに貼りつけたダイシング前の状態である。ダイシング後，ダイシングシートをエキスパンドした状態が図（c）である。この状態ではチップはダイシングシートに貼りついているが，紫外光照射により粘着力が低下する。このようにして，チップをモジュール化するための準備ができる。

5.2.3 チップテスト

パワーデバイスでは，ウェーハ状態，チップ状態，最終製品状態でのテストが要求される。特にパワーモジュールの製造においては**チップテスト**技術が非常に重要である。特に大容量パワーデバイスはモジュール製品が主であり，チップが並列で使用されることも多い。もし並列に接続したチップ間に特性ばらつきがあると，チップ間のオンのタイミングのずれにより特定チップに電流が集中し，チップ破壊につながる。また，各相の特性をそろえることも重要である。したがって，一つのモジュールに搭載するチップの特性はできるだけそろえることが望ましい。

加えて，ウェーハ状態では大電流を流すことが難しいため，チップ状態でのテストが有効である。ただし，その後にチップをアセンブリするので，チップ状態でのテストにおいては，いかにチップにダメージを与えないでテストするかが重要である。

図 5.12にチップテストの流れを模式的に示す。ダイシングによるチップ切断・チップ分離のためのエキスパンド後，チップごとにテスターに搬送して電気特性の測定を行う。電気特性測定後は良品と不良品を分けてチップケースに収納する。大電流を流すパワーチップ用に，多ピンタイプの針やばね性に工夫

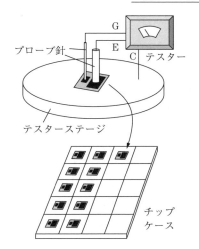

図 5.12　チップテスト

を加えた太針が開発されている．チップテスト後はチップケースでの運用になるため，ケース位置とチップ特性およびそれまでの履歴の管理（トレーサビリティ）が重要である．

5.2.4　パッケージング

現状の Si パワーデバイスでは，パワーチップは銅板上にはんだ**ダイボンド**で接合される．このプロセスは古い Si 集積回路でも実施されていたが，最近の Si 集積回路では樹脂ダイボンドが主流である．近年，環境問題からダイボンド用のはんだは**鉛フリー化**されている．鉛フリーはんだは融点が高く，プロセスが難しくなる．トランスファーモールドタイプの IPM では，パワーチップとともに Si 集積回路チップも金属フレームに直接ダイボンドされる．

パワーチップは面積が大きく放熱性が重要である．そのため，ダイボンド時に，はんだ中に気泡が入ることにより，形成されるボイドが大きな問題となることがある．ボイドは熱伝導性を低下させる．ボイドの検査には，X 線や超音波が用いられる．

Si 集積回路で広く用いられているのは直径数十マイクロメートル程度の金のワイヤであり，加熱により**ボンディング**される．一方，パワーデバイスには

直径200〜400μm程度のアルミニウムのワイヤが用いられており，超音波によりボンディングされる。トランスファーモールドタイプでは，パワーチップのみならずSi集積回路もチップの状態で搭載される。この場合，パワーチップにはアルミニウムワイヤを用い，Si集積回路とスイッチングデバイスの信号入力用には金ワイヤを用いるという使い分けがなされる。

トランスファーモールドタイプにおけるチップの封じ込めは**図5.13**に示すように，金型を用いてモールド樹脂を流し込むことで行われる。樹脂封じの際は，樹脂の勢いで配線が倒れる可能性があるので，その対策が必要になる。パワーデバイスでは熱の放散が重要であり，樹脂中に放熱性のフィラーを混入させている。フィラー形状が鋭利だとフィラーがチップに刺さることがあり，フィラーの形状制御も重要である。

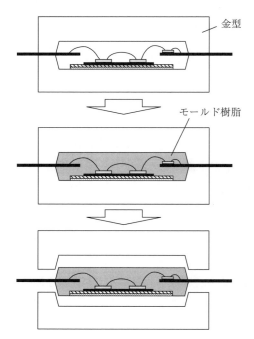

図5.13 トランスファーモールド成型

6 原子構造と結晶構造

― 結 晶 編 ―

　ワイドギャップ半導体パワーデバイスにおける最大の課題の一つは，結晶製造技術である．デバイスの信頼性およびコストに直結する課題であり，これを克服しなければワイドギャップ半導体パワーデバイスが主流になることはあり得ない．結晶製造技術を向上させるには，ワイドギャップ半導体製造の難しさを理解することが出発点である．そのためには，結晶構造を理解しなければならない．本章では，原子の構造と原子の結合から結晶が形成される基本的な考え方を解説する．さらに結晶構造の表現方法について解説する．

6.1 原 子 の 構 造

6.1.1 原 子 の 構 成

　原子はプラスの電荷を持った原子核と同数のマイナスの電荷を持った電子で構成されている．**図 6.1** は炭素原子の模式図である．プラス電荷は原子の中心に集中し原子核を形成する．**原子核**はプラス電荷を持った粒子である**陽子**

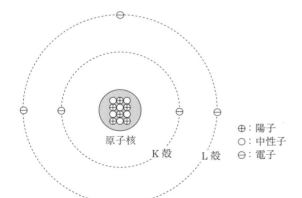

図 6.1　原子構造の例
　　　　（炭素原子）

（**プロトン**）と，電気的に中性な**中性子**（**ニュートロン**）で構成されている。電子は原子核の周りに分散して存在し，その軌道は殻構造を形成する。実際の原子の構造はこれほど単純ではないが，直観的に原子構造を考える場合には非常に役に立つ。

われわれの世界には**同位体**（**アイソトープ**）と呼ばれる，陽子の数が同じで中性子の数が数個異なる原子が存在する。原子の物理的および化学的な性質は陽子数（＝電子数）で決まるため，このグループをまとめて**元素**と呼ぶ。言い換えると，同位体は同じ元素のグループに属するが，異なる原子である。原子番号は原子核を構成する陽子数に等しい。

6.1.2 量子数

電子の軌道は内側から，K殻（$n=1$），L殻（$n=2$），M殻（$n=3$），N殻（$n=4$），O殻（$n=5$），…となり，それぞれの殻に入ることのできる電子の個数 N には以下の制限がある。

$$N = 2n^2 \tag{6.1}$$

ここで，n は**主量子数**と呼ばれる。電子の軌道はさらに，方位量子数 l，磁気量子数 m およびスピン量子数 s で規定される。**方位量子数** l は電子の角運動を定め，0から $n-1$ までの値をとり得る。このとき，$l=0$，1，2，3，4，…に相当する軌道をそれぞれ s，p，d，f，g，…で表す。

磁気量子数 m は，外部磁場に対して軌道面のなす角を定め，0から $\pm l$ までの値をとり得る。**スピン量子数** s は電子の持つ磁気モーメントが軌道による磁気モーメントと同方向であるか否かを示し，$+1/2$ と $-1/2$ の値をとり得る。結果として，各電子殻に入ることのできる電子の個数は，式（6.1）で計算できる。

6.1.3 原子中の電子の配置

電子は，同一のエネルギー状態には1個の電子しか存在できないという**パウリの排他律**に従い，エネルギーが低い状態から順に埋まっていく（エネルギー

6.1 原子の構造

表6.1 電子軌道（殻構造）と電子配列

周期	原子番号	殻 名		K	L		M			N			
		主量子数 (n)		1	2		3			4			
		方位量子数 (l)		0	0	1	0	1	2	0	1	2	3
		エネルギー準位名		1s	2s	2p	3s	3p	3d	4s	4p	4d	4f
		電子数		2	2	6	2	6	10	2	6	10	14
		殻内総電子数 ($2n^2$)		2	8		18			32			
1	1	水　素	H	1									
	2	ヘリウム	He	2									
2	3	リチウム	Li	2	1								
	4	ベリリウム	Be	2	2								
	5	ホウ素	B	2	2	1							
	6	炭　素	C	2	2	2							
	7	窒　素	N	2	2	3							
	8	酸　素	O	2	2	4							
	9	フッ素	F	2	2	5							
	10	ネオン	Ne	2	2	6							
3	11	ナトリウム	Na	2	2	6	1						
	12	マグネシウム	Mg	2	2	6	2						
	13	アルミニウム	Al	2	2	6	2	1					
	14	シリコン（ケイ素）	Si	2	2	6	2	2					
	15	リ　ン	P	2	2	6	2	3					
	16	硫　黄	S	2	2	6	2	4					
	17	塩　素	Cl	2	2	6	2	5					
	18	アルゴン	Ar	2	2	6	2	6					
4	19	カリウム	K	2	2	6	2	6		1			
	20	カルシウム	Ca	2	2	6	2	6		2			
	21	スカンジウム	Sc	2	2	6	2	6	1	2			
	22	チタン	Ti	2	2	6	2	6	2	2			
	23	バナジウム	V	2	2	6	2	6	3	2			
	24	クロム	Cr	2	2	6	2	6	4	2			
	25	マンガン	Mn	2	2	6	2	6	5	2			
	26	鉄	Fe	2	2	6	2	6	6	2			
	27	コバルト	Co	2	2	6	2	6	7	2			
	28	ニッケル	Ni	2	2	6	2	6	8	2			
	29	銅	Cu	2	2	6	2	6	9	2			
	30	亜　鉛	Zn	2	2	6	2	6	10	2			
	31	ガリウム	Ga	2	2	6	2	6	10	2	1		
	32	ゲルマニウム	Ge	2	2	6	2	6	10	2	2		
	33	ヒ　素	As	2	2	6	2	6	10	2	3		
	34	セレン	Se	2	2	6	2	6	10	2	4		
	35	臭　素	Br	2	2	6	2	6	10	2	5		
	36	クリプトン	Kr	2	2	6	2	6	10	2	6		

が低いほど安定)。その結果,36番元素であるクリプトン (Kr) までは,**表6.1**に示す電子軌道(殻構造)をとる。電子のエネルギーは方位量子数や磁気量子数によっても変化するため,単純に内側の殻から電子が埋まらず,電子が配列する軌道の入れ替わりが発生する。最初にそれが現れるのが3d軌道と4s軌道である。そのため,19番元素のカリウム (K) では,3d軌道ではなく4s軌道に電子が存在する。

6.2 元素の周期性

6.2.1 元素の周期性と周期表

元素の化学的な性質はおもに,最外殻の電子(これらを**価電子**と呼ぶ)の数で決まる。**図6.2**に原子番号と価電子数の関係を示す。なお,最外殻が電子で満たされた状態の価電子数はゼロとしている。図から,価電子数が周期的に変化する様子が見てとれる。その結果,元素を原子番号の順に並べると,性質の似た元素が周期的に現れる。それを表にまとめたものが元素の**周期表**である(**付表1**参照)。

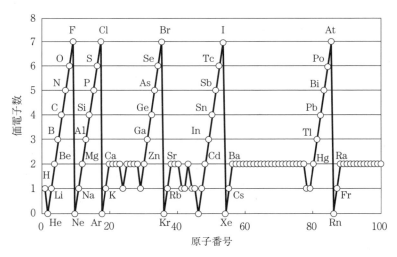

図6.2 原子番号と価電子数の関係

図6.3は，炭素，シリコン，ゲルマニウムの原子内電子の配置である。すべて最外殻には4個の電子が存在しており，単体結晶が半導体となるという共通の性質を有する。

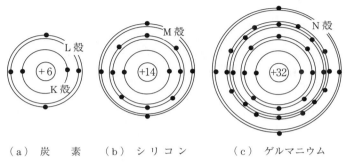

（a）炭　素　　（b）シリコン　　（c）ゲルマニウム
図6.3　炭素，シリコン，ゲルマニウムの原子構造

図6.4に，電気陰性度と原子番号の関係を示す。**電気陰性度**とは，分子内の原子が電子を引き寄せる強さの相対的な尺度である。周期表の同一周期であれば，原子番号が大きいほど電子を引き寄せる強さが強いため，大きな値となる。

図6.5に，第1イオン化エネルギーと原子番号の関係を示す。**イオン化エ**

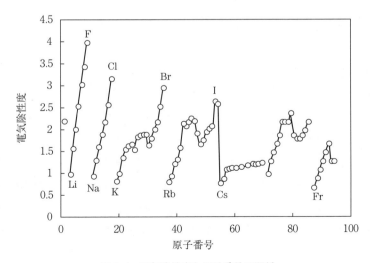

図6.4　電気陰性度と原子番号の関係

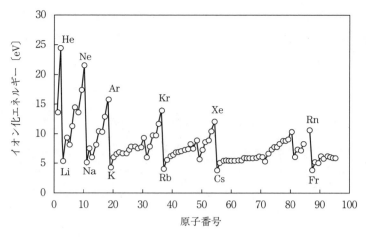

図6.5 イオン化エネルギーと原子番号の関係

ネルギーとは，原子，イオンなどから電子を取り去ってイオン化するために要するエネルギーである．気体状態の単原子（または分子の基底状態）の中性原子から取り去る電子が1個目の場合を，第1イオン化エネルギー，2個目の電子を取り去る場合を，第2イオン化エネルギー，…と呼ぶ．単にイオン化エネルギーといった場合は，第1イオン化エネルギーのことである．周期表の同一周期であれば，アルカリ金属で最も小さく，希ガスで最も大きくなる．

6.2.2 原子の大きさ

図6.6に原子半径と原子番号の関係を示す．周期表において，周期が大きくなるほど原子半径も大きくなる．同一周期であれば，原子番号が大きくなるほど（電子数が多くなるほど），原子半径は小さくなる．

結晶においては，原子半径が小さい原子で構成されているほど，原子どうしの結合が強く，**バンドギャップ**†が大きくなる．したがって，炭素や窒素など，周期表の上に位置する元素で構成される半導体が，ワイドギャップ半導体となる．SiCやGaNがバンドギャップ半導体となる理由や，ダイヤモンドがさら

---

† 7.3.3項参照．

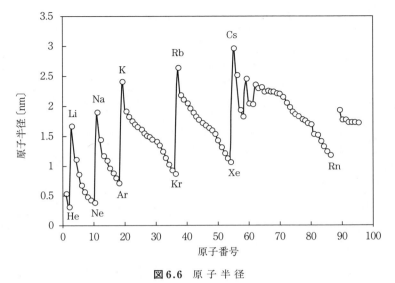

図 6.6 原 子 半 径

に大きなバンドギャップを持つ理由が理解できる。

6.3 原子/分子の結合

6.3.1 結 合 の 種 類

原子/分子間の結合の種類と特徴を**表 6.2** に示す。一般に，結晶を構成する原子間の距離が小さいほど，原子/分子間の結合エネルギーは大きくなる。原子間の距離は原子の結合半径が小さいほど小さい。

共有結合とは，近接した原子間で電子を共有することによる結合である。共有結合は最も結合力の強い結合である。そのため物理的に非常に硬く，化学的な反応を起こしにくく安定している。

図 6.7 に共有結合の様子を模式的に示す。図（a）に水素原子が共有結合により水素分子となる様子を示す。電子を共有することにより，それぞれの水素原子のK殻に2個の電子が存在する状態となり安定化する。

6. 原子構造と結晶構造

表 6.2 原子/分子間の結合の種類と特徴

種類	結合エネルギー（大きい順）	特徴	例
共有結合	1	硬い，化学的に安定，低温で導電率が小さい	ダイヤモンド，シリコン，ゲルマニウム，SiC
イオン結合	2	赤外領域に特性吸収，低温で導電率が小さい	NaClなどのⅠ-Ⅶ族化合物，MgO，CaOのような酸化物
金属結合	3	導電率・熱伝導率が大きい，塑性を示す，容易に合金化	鉄や銅のような各種金属，各種合金
水素結合	4	重合しやすい	氷，結晶水を含む化合物
ファンデルワールス結合	5	柔らかい，融点・沸点が低い	酸素，窒素，アルゴン，メタン，アンモニア

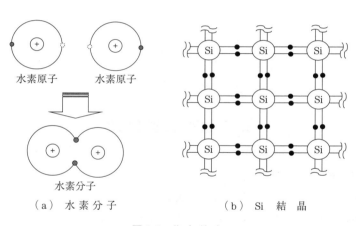

図 6.7 共有結合

図 (b) は Si 結晶の結合を二次元的に表現したものである。電子は価電子のみを示している。各 Si 原子の価電子は 4 個であるが，周りの Si 原子と価電子を共有することにより，電子殻が埋まり非常に安定した結晶構造となる。

イオン結合とは，原子間で電子の授受が行われることにより原子がイオン化し，その結果生じた静電引力による結合である。イオン結合も原子間の結合力は強い。身近でよく知られている物質に，塩化ナトリウムなどのハロゲン化アルカリ（Ⅰ-Ⅶ族化合物）がある。**図 6.8** (a) に，塩化ナトリウムにおける

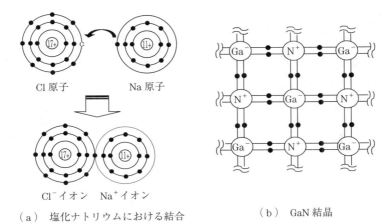

(a) 塩化ナトリウムにおける結合　　(b) GaN 結晶

図 6.8　イオン結合

結合の様子を示す。

　図 (b) は，GaN 結晶の結合を模式的に示したものである。Ⅲ族元素であるガリウムは価電子を 3 個持ち，Ⅴ族元素である窒素は 5 個の価電子を持つ。隣接原子間で価電子を共有して安定化する。そして，ガリウムは負にイオン化し，窒素は正にイオン化して静電引力による結合力により安定した結晶となる。

　結合力が強く，常温で安定して固体となる結合に**金属結合**がある。**図 6.9**に，金属結合を模式的に示す。金属結合結晶には多数の自由電子が存在し，導電率および熱伝導率が大きい。ただし，共有結合やイオン結合ほどは結合力が強くないので**展性**や**延性**がある。金箔ができるのはそのためである。また，容易に合金化する。水銀など一部の金属は低温で電気抵抗がゼロとなる超伝導性を示す。

　水素結合は，原子と共有結合した水素がほかの原子と非共有性の結合を形成するものである。水が固体の氷になるのは水素結合による。**図 6.10**に，氷における水素結合の様子を模式的に示す。雪の結晶が六角形なのは水素結合による結果である。

　ファンデルワールス結合は最も結合力が弱い。そのため，柔らかく，**融点**および**沸点**が低い。酸素，窒素，メタン，アンモニア，アルゴンなどがこの例で

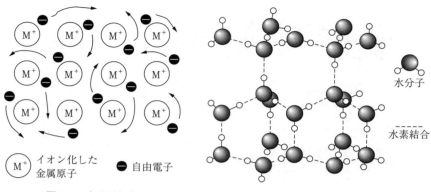

図6.9 金属結合　　　図6.10 水素結合と氷の結晶

あり，常温では気体である．分子は，無極性の分子であっても瞬時的に双極子を形成する瞬間がある．このような双極子間の静電力による引力が**ファンデルワールス力**であり，電荷を持たない中性の原子，分子間などでおもに働く凝集力の総称である．

6.3.2 混成軌道

原子が結合する際，さまざまな電子軌道の混成が生じる．**図6.11**に，炭素の例を示す．炭素原子の価電子は，2s軌道に2個と，2p軌道に2個の計4個であるが，化学結合を生じるようなエネルギーの高い状態では，電子軌道が干渉し合い混成が生じる．

図 (a) は，メタン CH_4 における炭素と水素の結合を示している．この場合は，四つの価電子が新たに等価な四つの軌道を形成する．新たな軌道は一つのs軌道と三つのp軌道の混成から生じるので，**sp^{3}混成軌道**と呼ばれる．sp^{3}混成軌道の電子雲は，中心の炭素原子から正四面体の四つの頂点の方向に伸びている．sp^{3}混成軌道は，後述の半導体結晶構造の基本となる．

図 (b) は，エチレン C_2H_4 における炭素と水素の結合を示している．この場合は，一つのs軌道と二つのp軌道の混成から等価な三つの軌道が形成されるため，**sp^{2}混成軌道**と呼ばれる．sp^{2}混成軌道の電子雲は平面内の正三角形

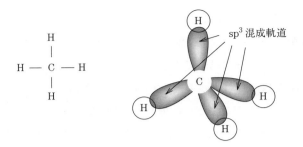

（a） sp³混成軌道（メタン CH₄）

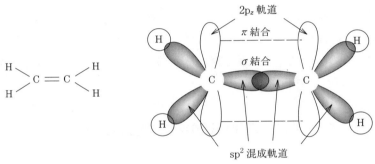

（b） sp²混成軌道（エチレン C₂H₄）

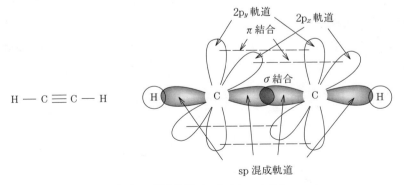

（c） sp混成軌道（アセチレン C₂H₂）

図6.11　混成軌道

の構造をとる。炭素原子の残りの価電子はp軌道にあり（図では$2p_z$軌道），炭素原子間の結合に寄与する。そのため，炭素原子間は二重結合の状態となる。sp^2混成軌道間の結合は電子雲の伸びる方向に直線的であり，**σ結合**と呼ばれる。一方，p軌道間の結合は電子雲の伸びる方向と垂直であり，**π結合**と呼ばれる。sp^2混成軌道は，ベンゼンC_6H_6の炭素原子間の結合でも形成される。したがって，ベンゼン環は正六角形の平面構造となる。

図（c）は，アセチレンC_2H_2における炭素と水素の結合を示している。この場合は，一つのs軌道と一つのp軌道の混成から等価な二つの軌道を形成し，**sp混成軌道**と呼ばれる。sp混成軌道の電子雲は直線となる。炭素原子の残りの価電子は，二つのp軌道（図では$2p_x$軌道と$2p_y$軌道）にあり，炭素原子間の結合に寄与する。そのため，炭素原子間は三重結合の状態となる。三重結合のうちの一つがsp混成軌道間の結合（σ結合）であり，二つがp軌道間の結合（π結合）である。

6.4 結晶構造の基本的表現方法

6.4.1 ブラベー格子

原子が規則正しく三次元的に配列したものが**結晶**である。無限に続く周期的な点の配列を**格子**と呼ぶ。三次元空間格子の基本単位は**図6.12**に示す平行六面体である。各辺の長さa, b, cおよび各辺間の角度α, β, γを**格子定数**と呼ぶ。三次元空間格子における任意の二つの点を結ぶベクトル$\boldsymbol{r}$は，次式で表

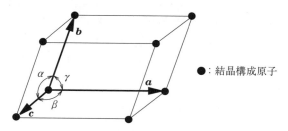

図6.12 三次元空間格子の基本単位

される。

$$r = u\bm{a} + v\bm{b} + w\bm{c} \tag{6.2}$$

ここで，$\bm{a}$, $\bm{b}$, $\bm{c}$ を**基本並進ベクトル**と呼ぶ．また，u, v, w はゼロを含む任意の正負の整数である．

対称性を考慮すると，空間格子は**表 6.3** に示す 7 種類の結晶系に分類され，複数の格子点からなる単位格子も含めて**図 6.13** に示すような 14 種類の格子に分類される．これを**ブラベー**（Bravais）**格子**と呼ぶ．単純格子（P）は，格子の各頂点に原子が存在する構造である．体心格子（I）は，単純格子の中心に 1 個の原子が存在する構造である．面心格子（F）は，単純格子の各面の中心にそれぞれ原子が 1 個存在する構造である．底心格子（C）は，底面および上面の中心に原子が 1 個存在する構造である．

表 6.3 結 晶 系

結晶系	軸の長さ，軸間の角度	ブラベー格子
立方晶系（cubic）	$a = b = c$ $\alpha = \beta = \gamma = 90°$	単純（P），体心（I），面心（F）
正方晶系（tetragonal）	$a = b \neq c$ $\alpha = \beta = \gamma = 90°$	単純（P），体心（I）
斜方晶系（orthorhombic）	$a \neq b \neq c$ $\alpha = \beta = \gamma = 90°$	単純（P），体心（I），底心（C），面心（F）
三方晶系（trigonal） 菱面体晶系（rhombohedral）	$a = b = c$ $\alpha = \beta = \gamma \neq 90°$	単純（P）
六方晶系（hexagonal）	$a = b \neq c$ $\alpha = \beta = 90°$ $\gamma = 120°$	単純（P）
単斜晶系（monoclinic）	$a \neq b \neq c$ $\alpha = \beta = 90° \neq \gamma$	単純（P），底心（C）
三斜晶系（triclinic）	$a \neq b \neq c$ $\alpha \neq \beta \neq \gamma \neq 90°$	単純（P）

76   6. 原子構造と結晶構造

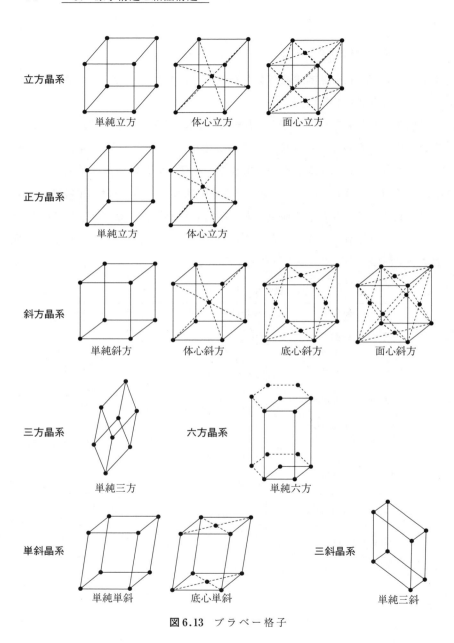

図 6.13 ブラベー格子

6.4.2 ミラー指数

結晶内の任意の面を指定するには，その面が格子定数 a, b, c の何倍の値のところで結晶軸を切るかで決めることができる。**図 6.14** は，結晶軸と ua, vb, wc で交差する面（M）を示す。面の方向 OR は，その方向余弦を与えることにより規定でき

$$\cos \alpha' = \frac{\mathrm{OO}'}{ua} \tag{6.3}$$

$$\cos \beta' = \frac{\mathrm{OO}'}{vb} \tag{6.4}$$

$$\cos \gamma' = \frac{\mathrm{OO}'}{wc} \tag{6.5}$$

となる。

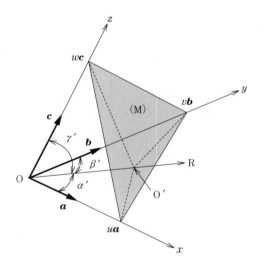

図 6.14 結晶面の表示

ここで，a, b, c が結晶構造によって定まっているとすると，OR はこれらの比で表すことができる。すなわち面（M）は

$$\frac{1}{u} : \frac{1}{v} : \frac{1}{w} = h : k : l \tag{6.6}$$

を満たす公約数を持たない整数の組（hkl）で指定できる。この h, k, l を**ミラー指数**と呼ぶ。面との交差がない場合は，ミラー指数は，"$1/\infty$" すなわち "0" とする。また，OR を結晶面の方向と呼び，[hkl] と表す。

6.4.3 立方晶の面指数と面方位

立方晶では，α, β, γ がすべて 90°で，a, b, c がすべて等しい。**図 6.15** に，立方晶におけるミラー指数で表した結晶面の例を示す。マイナス値で交差する場合は数値の上にバーを付けて表している。

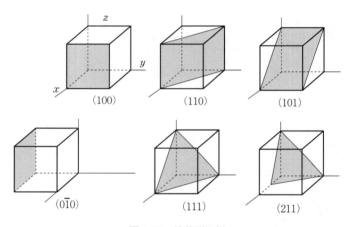

図 6.15 結晶面の例

（100）面は x 軸とのみ "1" で交わっており，（0$\bar{1}$0）面は y 軸とのみ "-1" で交わっている。（110）面は x 軸および y 軸とそれぞれ "1" で交わり，（101）面は x 軸および z 軸とそれぞれ "1" で交わる。（111）面は x 軸，y 軸および z 軸とそれぞれ "1" で交わる。（211）面は x 軸と "1/2" で，y 軸および z 軸とそれぞれ "1" で交わる。

（100）面と（010）面，（001）面や（0$\bar{1}$0）面は同等の結晶面を表している。同等の結晶面を表す場合，{100} のように中かっこを用いる。同様に [100] 方向と [010]，[001] 方向や [$\bar{1}$00]，[0$\bar{1}$0] 方向は同等の方向を表しており，⟨100⟩ と表す。

6.4.4 逆格子ベクトル

基本並進ベクトル a, b, c で表される実格子に対し，以下で**逆格子ベクトル** a^*, b^*, c^* を定義する。

$$a^* = 2\pi \frac{b \times c}{V} \tag{6.7}$$

$$b^* = 2\pi \frac{c \times a}{V} \tag{6.8}$$

$$c^* = 2\pi \frac{a \times b}{V} \tag{6.9}$$

$$V = a \cdot (b \times c) = b \cdot (c \times a) = c \cdot (a \times b) \tag{6.10}$$

逆格子ベクトルを用いて，逆格子点は，$G^* = h\,a^* + k\,b^* + l\,c^*$ で表される。ここで，h, k, l は整数である。

基本並進ベクトルと逆格子ベクトルの間には，以下の関係がある。

$$a \cdot a^* = b \cdot b^* = c \cdot c^* = 2\pi \tag{6.11}$$

$$a \cdot b^* = a \cdot c^* = b \cdot c^* = b \cdot a^* = c \cdot a^* = c \cdot b^* = 0 \tag{6.12}$$

逆格子の概念は，結晶の回折を利用した解析（電子線回折，X線回折，中性子線回折など）において非常に重要である。

6.5 六方晶の表現方法

6.5.1 六方晶の表現方法

六方晶の結晶面も前述のミラー指数で表すことができる。ただし，等価な面が，(100)，($1\bar{1}0$) となり，わかりにくい。そのため六方晶については，特別な表現方法を用いる。

図 6.16 に，六方晶の表示法を示す。座標軸として底面上の三つの軸 a_1, a_2, a_3 と縦の中心軸 c をとる。これら四つの座標軸に対しミラー指数と同様の操作で面指数を決める。すると結果は，$(hkil)$ で表されるが，つねに

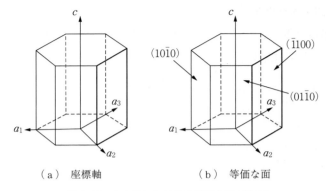

(a) 座標軸   (b) 等価な面

図 6.16 六方晶における座標軸と等価な面

$$i = -(h+k) \tag{6.13}$$

の関係にある。このように表すと，図（b）に示すように等価な側面は，$(10\bar{1}0)$，$(01\bar{1}0)$，$(\bar{1}100)$ のように，等価らしく表されることになる。

6.5.2 六方晶の面指数と面方位

図 6.17 に，六方晶における結晶面の表示例を示す。図（a）は，(0001) 面であり底面または基底面と呼ばれる。図（b）は，$(\bar{1}100)$ 面であり柱面と呼ばれる。図（c）は，$(\bar{1}101)$ 面であり錐面と呼ばれる。**図 6.18** に，六方晶の底面の方向を示す。

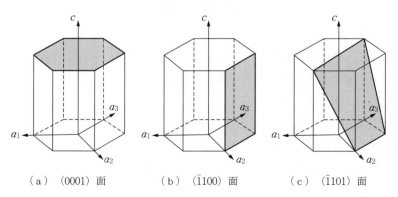

(a) (0001) 面   (b) $(\bar{1}100)$ 面   (c) $(\bar{1}101)$ 面

図 6.17 六方晶における結晶面の表示例

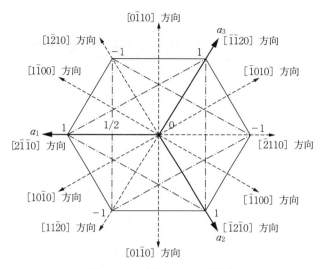

図 6.18 六方晶における面方向

図 6.19 は，六方晶における結晶面の一般的な呼び方である．図（a）に示した面は a 面，図（b）に示した面は m 面と呼ばれ，無極性[†]である．図（c）に示した面は c 面と呼ばれる．イオン性結晶の場合，c 面は正または負の極性を有する．

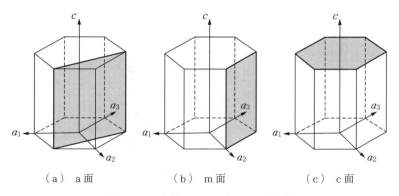

（a） a 面　　　　（b） m 面　　　　（c） c 面

図 6.19 六方晶における結晶面の呼び方

---

† 非極性ともいう．

7 半導体結晶と物性

　本章では，パワーデバイスに用いられる半導体結晶に関して解説する。半導体の一般的な分類を行った後，元素半導体であるSiおよびダイヤモンドと，化合物半導体であるSiCおよびGaNの結晶構造を詳細に解説する。また，最近になってパワーデバイスの候補となっているGa_2O_3の結晶構造についても解説する。さらに，パワーデバイスの特性上重要なエネルギーバンド構造と伝導キャリヤの振る舞いについて述べる。

7.1　半導体材料

7.1.1　半導体の機能

　一般に，**半導体**は電気伝導率が電気の良導体である金属と，電気を通さない絶縁体の中間の値を有する物質と定義される。ただし，これだけが半導体の性質ではない。**表7.1**に半導体の特徴をまとめた。半導体はさまざまな接合を利用して，電気的な能動デバイスが実現可能である。ダイオード，トランジス

表7.1　半導体の特徴

物　性	具体的な効果	適用例
電気的性質	・金属と絶縁体の中間の導電率 10^{-4}〜10^5〔S/m〕 ・異種接合での電気的非線形性	ダイオード，トランジスタ，IGBT
光電変換	・光 → 電気（電流）への変換 ・電気（電流）→ 光への変換	撮像素子，LED，半導体レーザ
熱電効果	・ゼーベック効果：熱 → 電気 ・ペルチエ効果：電気 → 熱 ・トムソン効果	温度センサ 電子冷却
構造敏感性	・圧電効果（ピエゾ効果）	ピエゾ素子
磁界による効果	・ホール効果	ホール素子

タ，サイリスタ，IGBT などが半導体で製造されている。

　半導体を用いて光から電気，電気から光への変換が可能である。光を電気に変換するデバイスとしてのデジタルカメラ，家庭用ビデオカメラ，携帯電話などに内蔵される撮像デバイスはすべて半導体光電変換デバイスである。半導体は電気から光への変換も可能であり，**LED**（light emitting diode），**半導体レーザ**などが実現されている。さらに太陽電池により，光のエネルギーを電気エネルギーに変換可能であり，自然エネルギー利用拡大の切り札として期待されている。

　半導体は熱に対しても敏感である。**ゼーベック効果**により熱から電気への変換，逆に**ペルチエ効果**により電気から熱への変換が可能である。これらの効果は金属でも見られるが，半導体では 100 倍程度の敏感な材料が得られる。

　また，誘電的性質を有する半導体では**圧電効果（ピエゾ効果）**により，機械的ひずみを電気に変換することができる。

　ホール効果は磁気と電気との相互作用によるものであり，ホールデバイスとして実用化されている。また，ホール効果を利用して半導体の導電型や半導体中のキャリヤの**移動度** μ を測定できる。

7.1.2　半導体の分類

半導体は，さまざまな項目で分類することができる。**表 7.2** に分類を示す。

表 7.2　半導体の分類

分類項目		分類結果
構成元素による分類	元素半導体	Si，Ge，C（ダイヤモンドなど）
	化合物半導体	Ⅲ-Ⅴ族：GaAs，InP，GaP，InGaAsP，GaN Ⅱ-Ⅵ族：ZnS，ZnSe，CdS，CdTe Ⅳ-Ⅳ族：SiC，SiGe
	酸化物半導体	SnO_2，ZnO，In_2O_3
結晶構造による分類		単結晶，多結晶，非晶質（アモルファス）
キャリヤによる分類		電子半導体，イオン半導体
無機，有機による分類		無機物半導体，有機物半導体

半導体を構成元素で分類すると,大きく元素半導体と化合物半導体に分類できる。**元素半導体**には,Ge,Si,C（ダイヤモンド,フラーレン,カーボンナノチューブ,グラフェンなどの構造をとる）のⅣ族元素半導体がある。

化合物半導体としては,一般に"族数を平均してⅣ"となる組合せの化合物が半導体としての物性を発現させる。Ⅲ-Ⅴ族化合物半導体としては,GaAs,InP,GaP,GaNなどが光電変換デバイスや高周波デバイスとして実用化されている。Ⅱ-Ⅵ族化合物半導体としては,ZnS,ZnSe,CdSなどが太陽電池などの光電変換デバイスに適用されている。Ⅳ-Ⅳ族化合物半導体としては,SiCが光電変換デバイスやパワーデバイスとして,SiGeがSi集積回路の高性能化に用いられている。そのほか酸化物半導体があり,透明電極などに用いられる。

また,結晶構造により,単結晶,多結晶および非晶質に分類できる。高性能デバイスには,基本的に単結晶半導体が用いられている。**単結晶**は,物質全域で原子が規則的に配列している。**多結晶**は,部分的な単結晶が集合した物質である。**非晶質**（アモルファス）は原子の配列は不規則であるが,きわめて短い距離での原子の結合は結晶に近く,半導体の性質が現れる。多結晶および非晶質半導体は,低コストが要求される太陽電池などに用いられている。

そのほかに,伝導キャリヤや有機物と無機物による分類も可能である。有機物半導体はフレキシブルな半導体が実現可能である。タッチパネルや有機薄膜太陽電池への適用など,近年おおいに注目されている。

7.2 半導体結晶の構造

7.2.1 ダイヤモンド構造

Ⅳ族原子の四つの価電子は結晶化のための結合の手を形成する。このときの結合手はsp^3混成軌道[†]により構成されており,**図7.1**（a）に示すように,その方向は正四面体の四つの頂点の向きである。それが規則的に並んで図（b）に示すような結晶構造を作る。この結晶構造は一般に**ダイヤモンド構造**と呼ば

[†] 6.3.2項参照。

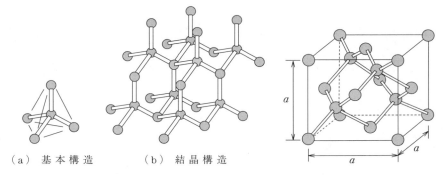

(a) 基本構造　　(b) 結晶構造

図7.1 半導体の結晶構造1　　**図7.2** 半導体の結晶構造2

れる。**図7.2**はダイヤモンド構造を別の方向から見たものである。図中に示したaの長さを格子定数と呼ぶ。

7.2.2 せん亜鉛鉱構造とウルツ鉱構造

化合物半導体においては，おもに2種類の結晶構造をとり得る。**図7.3**に，sp^3混成軌道で形成される正四面体の2種類の重なり方を示す。図（a），（b）において，図（a-1），（b-1）は鳥瞰図，図（a-2），（b-2）は真横から見た図である。図（a-2），（b-2）の二重線は，前後の結合手が重なっていることを示す。

図（a）は，底面の三つの原子の間の位置に上面の三つの原子が配置する場合であり，図（b）は，底面の三つの原子の真上に上面の三つの原子が配置する場合である。図（a）の構造をとるのは共有結合性の強い場合で，結合手（価電子による負電荷を有する）のクーロン反発力により，上下の結合手が離れた位置にくる。一方，図（b）は，イオン結合性の強い場合で，上下の原子間のクーロン引力が結合手のクーロン反発力より強く，底面の原子の真上に上面の原子が配置する。

この重なりが繰り返される結果，共有結合性の強い化合物半導体結晶では，**図7.4**（a）に示す立方晶系の**せん亜鉛鉱構造**となる。一方，イオン結合性の強い化合物半導体結晶では，図（b）に示す六方晶系の**ウルツ鉱構造**となる。なお，せん亜鉛鉱構造では3回の重なりの繰返しごとに最初と同じ結晶配列と

86   7. 半導体結晶と物性

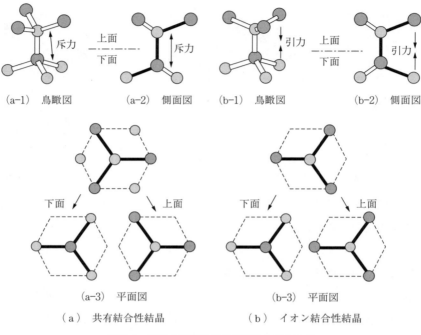

(a) 共有結合性結晶   (b) イオン結合性結晶

図 7.3 結晶の構成における原子の重なり方

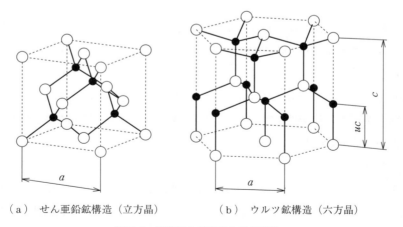

(a) せん亜鉛鉱構造(立方晶)   (b) ウルツ鉱構造(六方晶)

図 7.4 半導体の代表的な結晶構造

なるため，**3C 構造**と呼ぶ（繰返しの3と cubic の C を合わせた呼称）。同様にウルツ鉱構造では，2回の重なりの繰返しごとに最初と同じ結晶配列となるため，**2H 構造**と呼ぶ（繰返しの2と hexagonal の H を合わせた呼称）。

7.2.3 SiC の結晶構造

SiC の結晶構造を説明するための準備として，**図 7.5** に示すように上述の正四面体の位置と向きにより呼び方を決める。図（a）に示す向きをダッシュなしで表し，正四面体の重心の位置により，それぞれ A，B，C とする。図（b）に示す向きをダッシュ付きで表し，正四面体の重心の位置により，それぞれ A′，B′，C′ とする。この決め方は便宜的なもので，A，B，C が逆方向の並びでもダッシュを逆向きに付けてもよい。

図 7.6 に，SiC の代表的な結晶構造を示す。Ⅳ族どうしの化合物である SiC は微妙な静電力の状態にあり，3C，4H，6H などさまざまな結晶構造をとる。

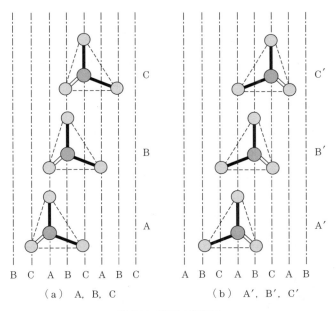

図 7.5 積層の表現法

88   7. 半導体結晶と物性

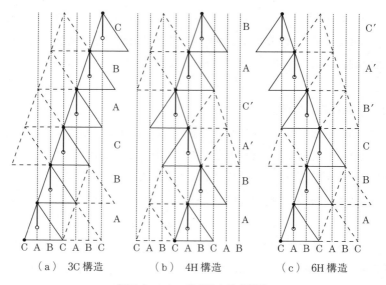

図 7.6 SiC の代表的な結晶構造

3C は，A，B，C，A，B，C と 3 層周期で重なっている。4H は，A，B，A'，C'，A，B，A'，C' と 4 層周期で重なっている[†]。同様に 6H は，A，B，C，B'，A'，C'，A，B，C，B'，A'，C' と 6 層周期で重なっている。

7.2.4 ヘキサゴナリティ

ヘキサゴナリティとは，結晶が立方晶的か六方晶的かをパーセントで表した指標である。ダッシュ有無の構造の重なり方から決定することができる。

表 7.3 に，2H，3C，4H および 6H 構造の積層構造とヘキサゴナリティを示

表 7.3　積層構造とヘキサゴナリティ

結晶構造	積層構造	ヘキサゴナリティ〔%〕
2H	AB'AB'	100
3C	ABCABC	0
4H	ABA'C'ABA'C'	50
6H	ABCB'A'C'ABCB'A'C'	33

[†] 数え方の開始を変えると他の表現が可能である。例えば，4H は A，B'，C'，B と考えることができる。この場合でもヘキサゴナリティは変わらない。6H も同様である。

す。2H構造（ウルツ鉱構造）はダッシュありの上にダッシュなしが，ダッシュなしの上にダッシュありが重なり，つねに入れ替わる。この場合のヘキサゴナリティは100％である。3C構造（せん亜鉛鉱構造）では，ダッシュの有無の構造が混ざることはない。この場合のヘキサゴナリティは0％である。

4H構造では4回の積層のうち2回の入れ替わりが起こる（B→A′とC′→A）。この場合のヘキサゴナリティは50％である。6H構造では，6回の積層のうち2回の入れ替わりが起こる（C→B′とC′→A）。この場合のヘキサゴナリティは33％である。

7.2.5　Ga_2O_3の結晶構造

Ga_2O_3は，α, β, γ, δ, εの5種類の結晶構造を有する。最も安定な結晶構造はβ-Ga_2O_3である。図7.7（a）はβ-Ga_2O_3の単位格子であり，単斜晶系に属する。この単位格子内には，Ga原子が8個，O原子が12個が含まれている。

図（a）は，隣接する単位格子との関係がわかりにくいので，近接する酸素原子を加えた構造を図（b）に示す。図より，Ga原子にはO原子が4配位の

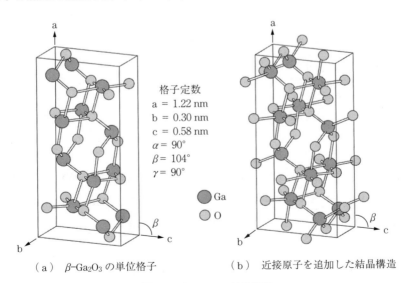

（a）β-Ga_2O_3の単位格子　　　　（b）近接原子を追加した結晶構造

図7.7　β-Ga_2O_3の結晶構造

ものと，6配位のものがあることがわかる。

7.3 エネルギーバンド構造

7.3.1 エネルギーバンドの形成

電子がとり得るエネルギーはその環境により異なる。**図7.8**（a）に示すように原子中の電子は最も束縛の強い状態であり，離散的なエネルギーしかとることができない。そのために電子の殻構造が形成される。一方，図（c）に示すように，自由空間にある電子は連続的にどのようなエネルギーもとり得る。結晶中の電子はこれらの中間の状態であり，図（b）に示すように，とり得るエネルギー値が幅を持つ。電子が存在可能な部分を**許容帯**，存在できない部分を**禁制帯**と呼び，このような構造を**エネルギーバンド**（エネルギー帯）構造と呼ぶ。

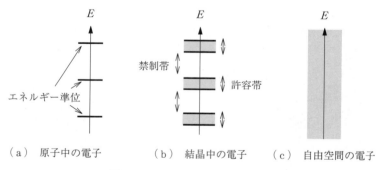

（a）原子中の電子　　（b）結晶中の電子　　（c）自由空間の電子

図7.8 電子のとり得るエネルギー

図7.9に，エネルギーバンド構造から見た金属，半導体，絶縁体の違いを示す。図（a）は，金属のエネルギーバンド構造であり，許容帯の途中まで電子が埋まっている。この電子は電気伝導を担うことができる。このような状態は，エネルギー準位の広がりにより，許容帯どうしが重なった場合にも起こる。

図（b）は，半導体のエネルギーバンド構造である。半導体では，負の電荷を有する**自由電子**と正の電荷を有する**正孔**（**ホール**）の両方が電気伝導を担

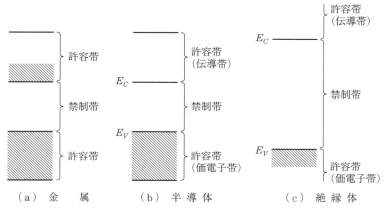

図 7.9　金属，半導体，絶縁体のエネルギーバンド構造

うことができる。自由電子と正孔を合わせて**伝導キャリヤ**あるいは単に**キャリヤ**と呼ぶ。半導体の**バンドギャップ**（**禁制帯幅**）は，1〜3 eV 程度であり，絶対零度ではキャリヤは存在しないが，室温程度でもいくらかのキャリヤが存在する。逆に，室温程度では電気伝導に十分なほどキャリヤが励起していないので，**不純物ドーピング**による伝導度制御が可能となる。

　図（c）は，絶縁体のエネルギーバンド構造であり，バンドギャップが 5 eV 程度以上ある。そのため，室温程度ではほとんど伝導キャリヤは存在しない。ただし，伝導帯あるいは価電子帯の近くに準位を形成できる不純物があると半導体になり得る。ダイヤモンドがその例である。

7.3.2　直接遷移と間接遷移

　厳密なエネルギーバンド構造は**シュレディンガーの波動方程式**から導かれ，エネルギー E と波数 k の関係で表される。このときのエネルギーと波数の関係を一般に**分散関係**と呼び，**直接遷移型**と**間接遷移型**の 2 種類がある。

　図 7.10 に，直接遷移型と間接遷移型の分散関係を示す。価電子帯では上に凸の形をしており，凸形の頂上に正孔が存在する。一方，伝導帯では下に凸の形をしており，凸形の底に電子が存在する。価電子帯の頂上 E_V と伝導帯の底

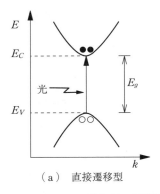 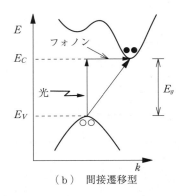

(a) 直接遷移型 　　　(b) 間接遷移型

図7.10 直接遷移型と間接遷移型の分散関係

E_C とのエネルギー差がバンドギャップ E_g であることは，これまでと同様である。

　図(a)は，直接遷移型の分散関係であり，電子と正孔は同じ波数 k の位置に存在している。直接遷移型の場合は電子の遷移が**結晶格子振動**（フォノン）の関与なしに起こる。GaAs，InPやGaNは直接遷移型である。直接遷移型は光学デバイスにとって有利であり，LEDや半導体レーザなどに用いられる。

　図(b)は，間接遷移型の分散関係であり，電子と正孔は異なる波数 k の位置に存在している。間接遷移型の場合は電子の遷移に波数 k の関与が必要である。波数が変化することは，フォノンが変化することを意味している。つまり，電子の遷移が結晶格子との相互作用なしには起こらないということである。Si，GeやSiCは間接遷移型である。

7.3.3 半導体のバンドギャップ

　代表的な半導体の格子定数とバンドギャップの関係を**図7.11**に示す。一般的な傾向としては，格子定数が小さい半導体ほどバンドギャップが大きい。格子定数は結晶における原子間の距離に関係している。一般的に，周期表において上に位置する元素ほど原子半径が小さい[†]。したがって，原子番号の小さい窒素や炭素を含む化合物半導体のバンドギャップは大きくなる。ダイヤモン

---

† 6.2.2項参照。

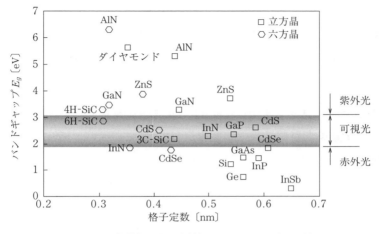

図7.11 半導体の格子定数とバンドギャップの関係

ド，AlN，ZnS，SiC や GaN などの**ワイドギャップ半導体**は，文字どおりバンドギャップの大きい半導体である．なお，図中の □（立方晶）と ◯（六方晶）は結晶構造の違いを表す．

バンドギャップは，半導体における光吸収あるいは発光と密接にかかわっている．図中にバンドギャップと光の波長域の関係を示す．光の波長とエネルギーは反比例の関係にある．図が示すように，可視光の受光/発光デバイスには，GaP，SiC，GaN などが用いられている．なお，受光/発光波長は，ある程度は不純物をドーピングして調整可能である．一方，Si は光用途としては長波長の赤外領域となり，家電のリモコンなどに用いられている．

7.4 半導体中の伝導キャリヤ

7.4.1 キャリヤ速度の電界依存性

半導体に電圧を印加するとキャリヤは電界によって加速されるが，結晶格子や不純物との衝突・散乱によって減速される．このような電界による加速と原子との衝突・散乱の過程を繰り返した移動を**ドリフト**と呼び，このときのキャ

リヤの移動速度の時間平均を**ドリフト速度**と呼ぶ。ドリフト速度 v は，電界が小さい場合は電界 E に比例する。その比例定数を**ドリフト移動度** μ といい，次式で表される。

$$v = \mu E \tag{7.1}$$

図 7.12 は，ドリフト速度の電界依存性である。電界が小さい領域ではドリフト速度は電界に比例している。電界が大きくなるに従い，ドリフト速度の増加は鈍化し，やがて飽和する。この飽和したドリフト速度を**キャリヤの飽和速度**と呼ぶ。パワーデバイス用途では移動度とともに飽和速度 v_{sat} が重要である。

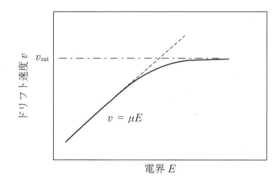

図 7.12 ドリフト速度の電界依存性

7.4.2 キャリヤ密度の温度依存性

図 7.13 は，Ge，Si および SiC の真性キャリヤ密度の温度依存性である。温度が上がると真性キャリヤ密度が増加するが，バンドギャップが大きいほど密度の絶対値は小さい。Ge では 100℃，Si では 200℃ を超えると，真性キャリヤ密度と不純物ドーピングによるキャリヤ密度が同程度になってしまう。つまり，ドーパント不純物によるキャリヤ密度の制御ができなくなり，もはや半導体として利用できない状態になっている。

一方，SiC では 500℃ 程度でも，真性キャリヤ密度は，Si の室温程度の値を保っている。したがって，半導体デバイスとして想定される広い使用温度範囲において半導体として動作可能である。ワイドギャップ半導体が有する大きな優位性の一つである。

7.4 半導体中の伝導キャリヤ

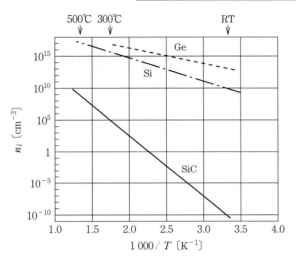

図7.13　半導体の真性キャリア密度の温度依存性

8 半導体中の結晶欠陥

　半導体結晶中には，さまざまな結晶欠陥が存在する。欠陥にはデバイスに悪影響を与えるものもあれば，所望のデバイス特性を実現するためのものもある。そして，ワイドギャップ半導体パワーデバイスにおける最大の課題の一つが，結晶欠陥の制御である。デバイスに悪影響を与える欠陥を明確にして，それらを低減することが求められる。本章では，半導体中の欠陥について解説する。

8.1　結晶欠陥の分類

8.1.1　結晶欠陥の分類

　エネルギーバンド構造は，結晶を構成している原子が規則的に配列することから導かれる。この原子の規則的な配列が**結晶**そのものである。そして，結晶の規則的な配列を乱すものはすべて**結晶欠陥**である。結晶内の局所的な構造の乱れである構造欠陥のみならず，不純物および結晶の表面や接合の境界面も広義には結晶欠陥である。

　欠陥というと悪い響きがあるが，たとえ欠陥のまったくない完全結晶が存在したとしても，有効な電子材料にはなり得ない。なんらかの結晶欠陥を導入することで，初めてデバイスとしての動作が得られる。欠陥をいかにコントロールして導入するかが重要な技術である。

　表8.1に結晶欠陥の分類を示す。結晶欠陥には，ゼロ次元の欠陥である点欠陥，一次元の欠陥である線欠陥，二次元の欠陥である面欠陥，三次元の欠陥である体積欠陥がある。

8.1 結晶欠陥の分類

表 8.1 結晶欠陥の分類

点欠陥	内因性点欠陥	空孔（V） 格子間原子（I）
	外因性点欠陥	格子位置不純物原子 格子間不純物原子
線欠陥	転位（刃状転位，らせん転位など）	
面欠陥	積層欠陥（内因性，外因性） 双晶 境界（表面，界面）	
体積欠陥	析出物 欠損（ボイド）	

8.1.2 点欠陥

図 8.1 に**点欠陥**の種類を示す。内因性の点欠陥とは，結晶構成原子に起因した点欠陥である。原子が抜けた部分を**空孔**（V：vacancy），格子位置から外れた原子を**格子間原子**（I：interstitial）と呼ぶ。外因性の点欠陥とは，不純物原子に起因した点欠陥であり，**格子位置**（substitutional）に入る場合と**格子間**（interstitial）に入る場合がある。

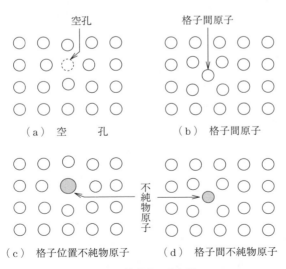

（a）空　孔　　　（b）格子間原子

（c）格子位置不純物原子　　（d）格子間不純物原子

図 8.1 結晶中の点欠陥

8.1.3 線 欠 陥

線欠陥は，一般に**転位**（dislocation）と呼ばれる欠陥である。結晶に応力が加わると，ずれが生じる場合がある。このずれの境界に線状に形成される欠陥が転位である。転位が結晶内部でいきなり発生することはない。転位は結晶内部でループを形成するか，結晶の表面から発生して裏面に抜けるか，結晶の表面から発生して結晶内部を通り再び表面に抜けるかのいずれかである。

図8.2に，代表的な転位である**刃状転位**（edge dislocation）と**らせん転位**（screw dislocation）を模式的に示す。応力の方向に対し垂直に形成されるのが図（a）に示す刃状転位であり，平行に形成されるのが図（b）に示すらせん転位である。応力をベクトルで表したものを**バーガーズベクトル**と呼ぶ。

図8.3に，転位の方向とバーガーズベクトルとの関係を示す。混合転位は，

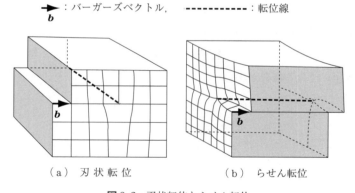

図8.2　刃状転位とらせん転位

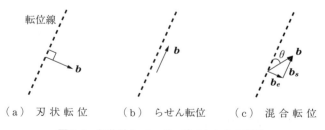

図8.3　転位線とバーガーズベクトルの関係

刃状転位とらせん転位が混合したものである。図（c）に示すように，混合転位のバーガーズベクトル**b**は，刃状転位成分**b_e**とらせん転位成分**b_s**のベクトル和となる。

8.1.4　面　欠　陥

面欠陥の代表は**積層欠陥**（**SF**：stacking fault）である。積層欠陥とは，結晶における原子の積み重なり方の乱れである。規則的な結晶面の重なりにおいて，部分的に面が抜ける場合と面が余分に挿入される場合がある。

図8.4は，3C構造における積層欠陥を模式的に示したものである。図（a）に示すのが，面が抜けた**内因性**（イントリンシック）の積層欠陥であり，図（b）に示すのが，面が余分に挿入された**外因性**（エクストリンシック）の積層欠陥である。

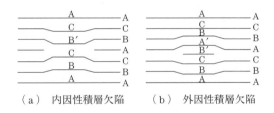

（a）　内因性積層欠陥　　（b）　外因性積層欠陥

図8.4　面心立方格子における積層欠陥の構造

内因性の積層欠陥ではABCB′CABCと，1層のダッシュ層が挿入されている。外因性の積層欠陥ではABCB′A′BCAと，2層のダッシュ層が挿入されている。積層欠陥は面欠陥であるが，積層欠陥を取り囲む周囲には線欠陥である転位がループ状に形成される。

結晶の表面，多結晶における単結晶どうしの界面，MOS接合における酸化膜との界面も面欠陥である。

8.1.5　体　積　欠　陥

体積欠陥は，結晶中に塊状に形成された欠陥である。**欠損**（ボイド）とは**空**

孔が多数集合し塊状に抜けが形成された部分である。**析出物**とは，結晶中で不純物と構成原子が化合物を形成したものである。酸素と化合して酸化物が形成されたり，金属との合金が形成されたりする。

8.2 半導体結晶中の構造欠陥

8.2.1 完全転位と部分転位

結晶のすべり方向は原子が最密にならんだ方向である。また，転位が特定の結晶面をすべり運動した後，結晶が完全な構造に戻ることから，転位のバーガースベクトルの大きさは最近接原子間距離である。この場合のように，バーガースベクトルが基本並進ベクトルと一致している転位を**完全転位**と呼ぶ。

一方，バーガースベクトルが基本並進ベクトルと一致していない転位を**部分転位**または**不完全転位**と呼ぶ。部分転位が通過した後は，原子の変位が結晶の周期と一致しないので，後に積層欠陥が残る。したがって，部分転位が1本だけ単独で存在することはなく，つねに2本あるいは3本が組になって存在し，それぞれのバーガースベクトルのベクトル和が基本並進ベクトルと一致する。そして，2本あるいは3本の部分転位の間にだけ積層欠陥が存在する。

8.2.2 ショックレーの部分転位

図8.5に示すように，面心立方格子は（111）面の積み重ねと考えることができる。A，B，Cの順に重なり，上にある原子を大きく描いている。面心立方格子では，転位は（111）面上を運動する。この運動は**図8.6**の $B_1 \rightarrow B_2$ である。このバーガースベクトルは，$\frac{a}{2}[\bar{1}10]$ で表される。

この運動は，$B_1 \rightarrow B_2$ よりも $B_1 \rightarrow C_1 \rightarrow B_2$ のほうが容易であることが知られている。このときの $B_1 \rightarrow C_1$ および $C_1 \rightarrow B_2$ の動きに対応する転位は，**ショックレーの部分転位**と呼ばれる。$B_1 \rightarrow C_1$ の動きおよび $C_1 \rightarrow B_2$ の動きのバーガースベクトルはそれぞれ，$\frac{a}{6}[\bar{2}11]$ および $\frac{a}{6}[\bar{1}2\bar{1}]$ で表される。これを式で表すと

8.2 半導体結晶中の構造欠陥

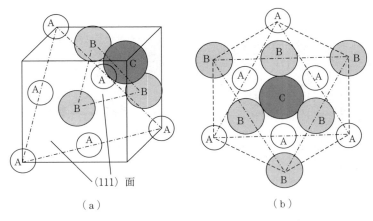

(a)　　　　　　　　　　(b)

図 8.5 面心立方格子の (111) 面の積み重なり方

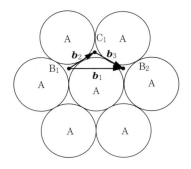

図 8.6 (111) 面上のバーガーズベクトル

$$\frac{a}{2}[\bar{1}10] = \frac{a}{6}[\bar{2}11] + \frac{a}{6}[\bar{1}2\bar{1}] \tag{8.1}$$

となる。

最密六方格子の場合は**図 8.7**に示すように，完全転位とショックレーの部分転位の関係は次式で表される（六方格子の底面における方向は図 6.18 参照）。

$$\frac{a}{3}[\bar{2}110] = \frac{a}{3}[\bar{1}010] + \frac{a}{3}[\bar{1}100] \tag{8.2}$$

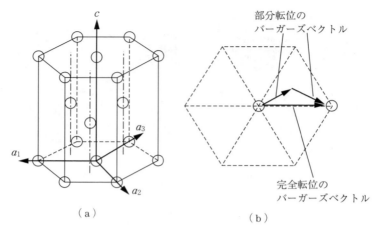

図 8.7 最密六方格子におけるショックレーの部分転位

8.2.3 フランクの部分転位

図 8.8 に示すように，面心立方格子における積層欠陥の端に部分転位ができる。このときのバーガーズベクトルは，$\pm\dfrac{a}{3}[111]$ である。

（a）負のフランクの部分転位　　（b）正のフランクの部分転位

図 8.8　3C におけるフランクの部分転位

この部分転位は**フランクの部分転位**と呼ばれる。内因性の積層欠陥の場合を負，外因性の積層欠陥の場合を正とする。フランクの部分転位のバーガーズベクトルはすべり面に垂直であるから，すべり運動はできない。このような転位を**不動転位**と呼ぶ。

8.3 プロセス導入欠陥

六方最密格子の場合のフランクの部分転位のバーガーズベクトルは，$\pm\dfrac{c}{2}[0001]$ である。

8.2.4 貫通転位と基底面転位

図 8.9 に，SiC エピタキシャルウェーハの代表的な転位である**貫通転位**と基底面転位を模式的に示す。結晶を貫通する転位が貫通転位であり，**貫通刃状転位**（**TED**：threading edge dislocation）と**貫通らせん転位**（**TSD**：threading screw dislocation）がある。

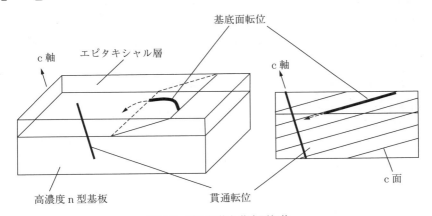

図 8.9 貫通転位と基底面転位

通常，SiC では 4〜8°傾けた基底面（c 面）上にエピタキシャル層を形成する。基底面上に存在する転位は**基底面転位**（**BPD**：basal plane dislocation）と呼ばれる。なお，図には基板内での転位の状態は記載していない（破線の矢印）。

8.3 プロセス導入欠陥

8.3.1 プロセス導入欠陥の二面性

半導体デバイス中には，さまざまな結晶欠陥が意図的にもしくは予期せずに導入される。著者は，ウェーハの製造プロセスおよびデバイスの製造プロセス

中に導入される結晶欠陥を総称して，**プロセス導入欠陥**（**PRIDE**：process induced defect）と呼んでいる。

表8.2は，PRIDE の二面性を示したものである。PRIDE にはデバイスを作り込むための PRIDE（**良性 PRIDE**）とデバイスに悪影響を与える PRIDE（**悪性 PRIDE**）がある。良性 PRIDE は，制御された条件のもと意図的に導入する。一方，悪性 PRIDE は，製造プロセス中に予期せずに導入され，デバイス特性あるいはデバイス製造不良を誘引する。

表8.2 プロセス導入欠陥

良性 PRIDE	悪性 PRIDE
・ドーパント ⇒ p 型，n 型の制御 ・pn 接合 ⇒ ダイオード，トランジスタ，サイリスタ ・MOS 接合 ⇒ MOSFET，IGBT ・ショットキー接触 　　⇒ショットキー障壁型ダイオード ・発光中心 ⇒ 発光ダイオード ・再結合中心 　　⇒スイッチングタイム制御 ・動作領域以外の欠陥 ⇒ ゲッタリング	・COP ⇒ 酸化膜耐圧劣化，素子分離不良 ・動作領域の構造欠陥（転位，積層欠陥，析出物）⇒ リーク不良 ・表面，界面 ⇒ 特性異常 ・物理的汚染（重金属，アルカリ金属，ドーパント，有機物など） 　　⇒ デバイス特性異常，製造プロセス異常 ・化学的汚染 　　⇒ 銅汚染による表面ピットの形成 　　⇒ デバイス特性異常

8.3.2 良性 PRIDE

ドーパント不純物は，p 型，n 型の制御を行うための不純物である。導電型の制御は半導体デバイスにとって必須である。そして，p 型，n 型の制御を行い，pn 接合，MOS 接合，ショットキー接触などを形成することにより，初めてダイオード，サイリスタ，各種トランジスタなどの能動デバイスを作ることができる。ドーパント以外にも意図的に不純物が導入される場合がある。発光ダイオードや半導体レーザでは所望の色（波長）を発光させるために発光中心となる不純物を導入している。

パワーデバイスにおけるスイッチング特性改善のためのライフタイム制御は，再結合中心となる結晶欠陥の導入により行われる[†]。

---

† 3.2.2項参照。

8.3 プロセス導入欠陥　　105

　ゲッタリングは，デバイス動作領域以外の領域に故意に欠陥を形成することにより行われる。半導体中の重金属不純物はデバイス不良を引き起こすことが多い。これらの不純物が，エネルギー的に安定な欠陥部に集まる性質を利用して，デバイス動作領域から不純物を排除する技術がゲッタリングである。

　表8.3にさまざまな**ゲッタリング手法**を示す。Siパワーデバイスにおいては，歩留り向上のためゲッタリングは非常に重要な技術である。ゲッタリングには酸素析出を活用した**IG**（intrinsic gettering or internal gettering）と外部からゲッタリングを作り込む**EG**（extrinsic gettering or external gettering）がある。

表8.3　各種ゲッタリング手法

ゲッタリング手法		形成方法	メリット/デメリット
IG		基板酸素の外方拡散と欠陥核形成＋成長	・酸素濃度と熱処理の制御要
EG	サンドブラスト	裏面にSiO₂の吹き付け	・効果が持続しない ・異物発生
	りんゲッタ	裏面りん拡散	・りんの拡散プロセスが必要
	PBS（poly-silicon back seal）	CVDによる裏面ポリシリコンの形成	・ポリシリコンのCVDが必要
	p/p⁺エピタキシャルウェーハ	高濃度B基板へのエピタキシャル成長	・近接ゲッタリング ・プラスにイオン化した不純物をゲッタリング
	レーザゲッタリング	レーザによる欠陥導入	・表面側から行えば，近接ゲッタリング

8.3.3　悪性PRIDE

　一方，**悪性PRIDE**はさまざまな不良を引き起こす。**COP**（crystal originated particle）は，Si単結晶育成中に形成される$0.1 \sim 0.3\,\mu m$程度の内面酸化膜を有するボイド欠陥（欠損）である。Si集積回路の設計ルールがCOPのサイズに近付いた1990年代（16M〜64MDRAMの世代）において，大問題が発生した。

　図8.10にCOPの形成過程を示す。CZ結晶育成過程で，高温の固相Si中に

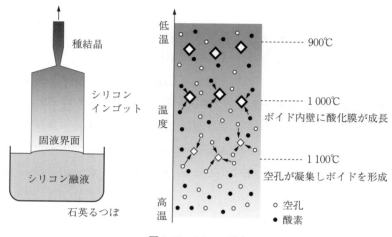

図 8.10 COP の形成

は多量の空孔と酸素が存在する。その後の冷却過程で，まず空孔が凝集してボイドが形成される（1 100 ～ 1 000℃）。つぎに，ボイド部に酸素原子が拡散して内壁に酸化膜が形成される（1 000 ～ 900℃）ことにより COP が形成される。

デバイスの動作領域に転位や析出物などの結晶欠陥が形成されると，デバイスのリーク不良が引き起こされる。特に，大電流を扱うパワーデバイスにおいては管理が重要である。

半導体デバイス製造においては，つねに結晶（ウェーハ）の界面および表面の状態を管理しなければならない。結晶の表面あるいは界面には，共有結合の相手がないことによる多量の**未結合手**（ダングリングボンド）が存在する。この未結合手は禁制帯中に連続的な準位を形成する。この表面準位あるいは界面準位は，チャネル移動度の低下，デバイスリーク，フェルミ準位のピンニングなどさまざまな不良を引き起こす。SiC-MOSFET の性能改善の大きな妨げになっている原因の一つである。

半導体デバイス製造プロセス中には物理的な汚染として，さまざまな不純物が導入される可能性がある。重金属，アルカリ金属，ドーパント不純物，あるいは有機物などが管理されていない状態で導入されるとさまざまな不具合を引

き起こす。重金属汚染は禁制帯中に深い準位を形成し，デバイスリークを引き起こす。Si デバイスで特に大きな問題となってきたのは銅と鉄である。

アルカリ金属は酸化膜中で固定電荷を形成し，かつゲートバイアスにより移動することによる不良の原因となる。また，熱酸化時の増速酸化を引き起こし，膜厚異常の原因になる。

予期せずに導入されたドーパント不純物はデバイス特性の変動や素子間分離の不良を引き起こす。ドーパント不純物の汚染はイオン注入機の壁面から発生することがある。

不純物の物理的な汚染以外に，不純物の種類によっては化学的な反応で不良を引き起こすものがある。実際に Si デバイス製造プロセス中では，銅による不良が発生している。Si 表面に銅が付着した状態で純水あるいはフッ酸中に入ると，Si 表面が局所的に酸化される。酸化により，表面に凹部が形成され不具合を発生させることがある。**図 8.11** に，銅の化学的な汚染で形成されたピットの解析例を示す。欠陥のサイズは 20 〜 30 nm であり，異物測定機では検出できない大きさである。

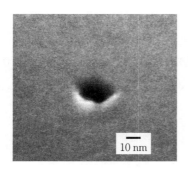

図 8.11 銅の化学的汚染により形成されたピット

9 結晶欠陥の評価技術

　ワイドギャップ半導体結晶には，Si 結晶と比較して多種多様の結晶欠陥が存在する。これらを劇的に低減するのは現状不可能である。したがって，結晶欠陥評価技術を確立し，デバイス特性との比較から致命欠陥を明確にして，それらをなくさなければならない。本章では，半導体中の結晶欠陥の評価に用いられる主要な評価方法について解説する。

9.1　結晶欠陥の物理的/化学的評価技術

9.1.1　光学的評価

　半導体ウェーハ表面の異物や欠陥による微小な凹凸は，デバイス製造歩留り低下の最大の要因であり，従来から光学的な評価によるウェーハの受け入れ検査や工程ごとの検査が行われている。

　図 9.1 に，レーザ光を用いたウェーハ表面検査法を模式的に示す。異物の凸形状や欠陥の凹凸形状により，散乱光の散乱パターンが異なる。それを利用して異物や欠陥の形態の分類が可能である。複数の検出器を配置して，形態検出精度を高めている装置もある。

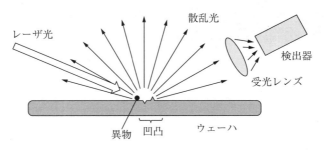

図 9.1　光学散乱法によるウェーハ表面の評価

口絵1に，SiCの表面欠陥の光学顕微鏡による観察例を示す．検出技術の向上により，これらの欠陥の分類およびマッピングが可能になってきている．マイクロパイプは直径1〜10μmのらせん転位起因の中空欠陥である．トライアングル，キャロット，コメットなどはSiCの表面欠陥としてよく見られる欠陥であり，致命欠陥となるため低減が必須である．スクラッチは鏡面研磨起因で発生した表面のきずと考えられる．

光散乱法により結晶内部の欠陥も評価可能である．**図9.2**に，**赤外線トモグラフィ**（**IR-LST**：infrared light scattering tomography）による結晶内部欠陥評価法の原理を示す．ウェーハをへき開し，ウェーハ表面からレーザ光を照射し，へき開面から散乱光を検出する．レーザ光を走査することにより欠陥の内部分布を測定できる．レーザ光をへき開面から照射しウェーハ表面から散乱光を検出することも可能である．赤外線トモグラフィは可視光を透過しないSiの評価技術として開発されたが，ワイドギャップ半導体の評価においては赤外線にこだわる必要はない．

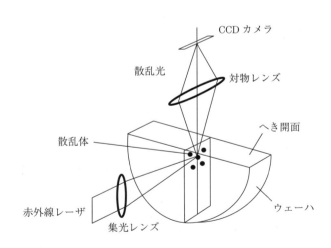

図9.2　赤外線トモグラフィの原理

110　9. 結晶欠陥の評価技術

9.1.2 選択エッチング法

選択エッチング法とは，正常部と欠陥部のエッチングレートの差を利用して欠陥を顕在化させる手法である。**ウェットエッチング**（ケミカルエッチング）は，Siでは古くから行われている比較的簡単な結晶欠陥の評価方法である。ただし，SiCは化学的にも安定であるため，簡単にはエッチングできない。

SiC結晶のエッチング液としては，一般に高温の水酸化カリウム（KOH）が用いられる。500℃程度の高温での処理であり，高度の技術が必要である。KOHとNa_2O_2の混合液によるエッチングにより，良好な欠陥の区別を可能にする技術が提案されている[1]。

口絵2に，SiC結晶の選択エッチング法による評価結果を示す。貫通刃状転位（TED），貫通らせん転位（TSD），および基底面転位（BPD）†の顕在化が可能である。

9.1.3　電子顕微鏡

図9.3に示すように，物質に電子線を照射すると電子は物質を構成する原子との間でさまざまな相互作用を受ける。このうち，二次電子を用いた評価装置が**走査電子顕微鏡**（**SEM**：scanning electron microscope）である。**透過電**

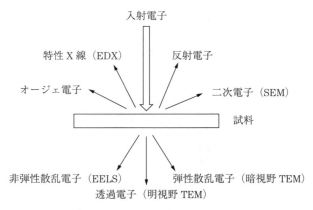

図9.3　電子線と物質の相互作用

---

†　8.2.4項参照。

子顕微鏡（**TEM**：transmission electron microscope）は試料を薄膜化し，電子線を物質中に透過させ，内部構造や欠陥を直接観察する装置である。

TEM は結晶を解析する手法として半導体結晶およびデバイスの評価に対して広く利用されている。TEM により，構造欠陥の形態が評価可能である。転位や積層欠陥などの形態や結晶格子の乱れが評価でき，結晶欠陥の評価法としてなくてはならない存在である。

図 9.4 に，TEM の測定原理を示す。顕微鏡内部は 10^{-5} Torr 以下の真空に保たれている。電子銃から出た電子線は収束レンズを通過した後，試料を照射し，透過，散乱電子の像は対物レンズ，中間レンズ，投影レンズにより拡大される。

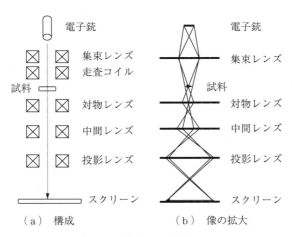

図 9.4　透過電子顕微鏡の原理

TEM 測定では明視野像と暗視野像が得られる。**図 9.5** に，明視野観察と暗視野観察の原理を示す。明視野観察では回折波を除去し，透過波を直接観察する。一方，暗視野観察では透過波をカットして回折波による観察を行う。

暗視野観察により転位の種類を決定することができる。**図 9.6** に回折の原理を示す。入射波と回折波の間には，以下のブラッグ条件が成り立つ。

$$2d\sin\theta = \lambda \tag{9.1}$$

ここで d は回折面の間隔，λ は入射波の波長である。暗視野観察では，転位の

112　9. 結晶欠陥の評価技術

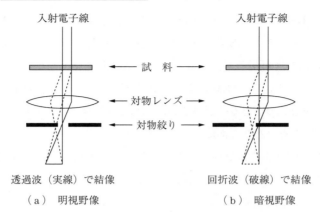

図 9.5　明視野像と暗視野像

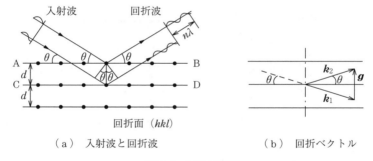

図 9.6　回折の原理

バーガーズベクトル b が以下の関係にある場合はコントラストが低下する。

$$g \cdot b = 0 \tag{9.2}$$

ここで，g は，図（b）に示した回折ベクトルである。図中の k_1 は入射波の波数ベクトル，k_2 は回折波の波数ベクトルであり，$g = k_2 - k_1$ が回折ベクトルである。g を変えて暗視野観察を行い，欠陥のコントラストの変化から b を決定することができる。

口絵8 に，SiC 積層欠陥の TEM による評価結果を示す。4H-SiC 結晶中に挿入された積層欠陥の層構造が明確に評価できている。口絵8（a）の場合は上下の 4H 構造の周期性が崩れており，後述の X 線トポグラフィで測定可能であ

る。一方，口絵8（b）および口絵8（c）の場合は，上下の4H構造の周期性が保存されており，X線トポグラフィでは測定できない。

9.1.4 ミラー電子顕微鏡

図9.7に，ミラー電子顕微鏡（**MEM**：mirror electron microscope，または**MPJ**：mirror projection microscope）の構成を示す[2]。基本的な装置構成はSEMと同様であるが，測定試料に負の電圧を印加することにより，試料中には電子が入射せず，すべて反射させている。

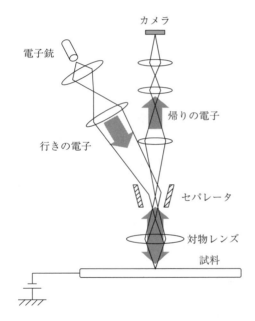

図9.7 ミラー電子顕微鏡の構成

図9.8に，試料表面に凹凸あるいは試料表面近傍に固定電荷分布が存在する場合の試料表面の等電位面の変化と反射電子の軌跡を示す。反射電子の測定により，凹凸および固定電荷分布が画像化できる。

口絵6（a）に，SiC積層欠陥のMEMによる評価結果を示す。ウェーハ表面の積層欠陥およびウェーハ表面から内部に積層欠陥が侵入していく様子が評価できている。口絵6（b）は，積層欠陥の内部への侵入角度をX線トポグラ

114   9. 結晶欠陥の評価技術

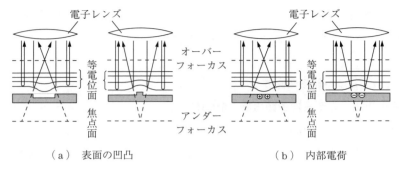

(a) 表面の凹凸　　　　　　　　(b) 内部電荷

図 9.8 ミラー電子顕微鏡の原理

フィとミラー電子顕微鏡で比較したものである。ほぼ同じ角度であり，同一の積層欠陥が評価できていることを示唆している。

9.1.5　X線回折/X線トポグラフィ

回折現象の評価には試料の状態（単結晶，多結晶あるいは非晶質）や使用するX線の性質（特性線あるいは連続線，平行あるいは発散）などにより，各種の評価法が工夫されている。**図 9.9**は，**X線回折装置**の概要である。X線回折強度および半値幅は結晶性の影響を強く受けるため，試料の結晶性評価が可能であり，広く用いられている。

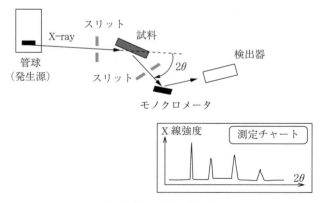

図 9.9　X線回折装置

9.1 結晶欠陥の物理的/化学的評価技術

X線トポグラフィとは，X線を結晶に照射した場合の，完全性が高い領域とひずんだ領域における回折条件の違いを利用して，結晶欠陥や格子ひずみの空間的分布や大きさを測定する手法であり，ウェーハ全面の欠陥評価が可能である。X線トポグラフィはいくつかの手法が開発されている。**図9.10**に，X線トポグラフィの原理を示す。図（a）に示した透過型（ラウエケース）と図（b）に示した反射型（ブラッグケース）がある。

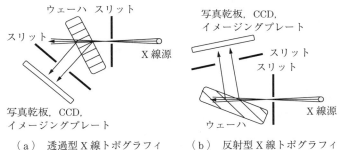

（a）透過型X線トポグラフィ　　（b）反射型X線トポグラフィ

図9.10 X線トポグラフィの原理

口絵3に，反射型X線トポグラフィによるSiC結晶の評価例を示す。昇華法結晶，エピタキシャル層ともに10^4個/cm^{2}程度の転位欠陥が存在している様子がわかる。

口絵10～12に，反射型X線トポグラフィによるGaN結晶の評価例を示す。低解像度測定により，鏡面研磨時に発生したと考えられるきずが評価できている。高解像度測定により，GaN on GaN結晶においてHVPE面，MOCVD面ともに高密度の結晶欠陥が存在しているのがわかる。ただし，欠陥が高密度にクラスター化して存在しているため欠陥密度の測定はできない。GaN on Si結晶では，さらに欠陥密度が高く，一様な画像しか得られていない。

口絵5に，透過型X線トポグラフィによるSiC結晶中の積層欠陥の評価例を示す。基板は4°オフの基板であり，裏面から表面に積層欠陥が抜けている様子がわかる。

X線トポグラフィにおいても，回折ベクトルを変化させた測定により，転位

のバーガーズベクトルの決定が可能である。**口絵9**に，SiC結晶中の積層欠陥の欠陥タイプ†の分類例を示す。ショックレータイプか，フランクタイプか，それらの混合タイプかが判定できる。

9.1.6　フォトルミネッセンス

図9.11に示すように，**フォトルミネッセンス**（**PL**：photoluminescence）とは，物質が光を吸収した後，物質固有の波長の光の形でエネルギーを放出する現象である。半導体にバンドギャップ以上のエネルギーの光を照射すると電子–正孔対が発生する。この電子–正孔対は直接再結合したり（図中の（1）），ドーパント不純物が関与した再結合や結晶欠陥に起因した再結合中心を介した再結合（図中の（2），（3））をしたりする。このとき過剰なエネルギーを光として放出する。放出光のスペクトル中にはさまざまな結晶中の情報が含まれており，バンドギャップや不純物および結晶欠陥のエネルギー準位などの測定に利用できる。

図9.12に，フォトルミネッセンス装置の構成を示す。励起光源には，Ar^+レーザなどの紫外線レーザが用いられる。励起光の絞り込みと走査により，マッピング測定が可能である。

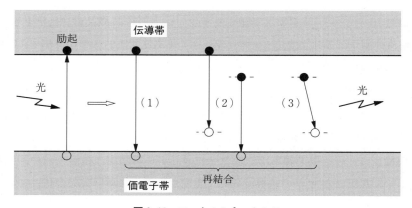

図9.11　フォトルミネッセンス

---

†　8.2.2項および8.2.3項参照。

9.1 結晶欠陥の物理的/化学的評価技術

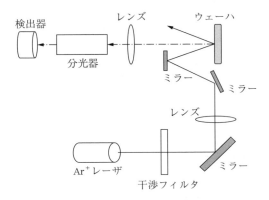

図9.12 フォトルミネッセンス装置の構成

口絵4に，SiCウェーハのフォトルミネッセンス測定例を示す。口絵4（a）に示した波長 750 μm 以上の発光において，中央右上の暗い円形部は不純物濃度の高い領域である。赤い口で示した領域で，特に他の領域と異なる発光は観察されていない。この領域の波長 425 nm の発光を口絵4（b）に示す。線状の発光が観察されているが，SiCの積層欠陥の発光として報告されている結果[3]と一致する。線状に発光しているのは，積層欠陥が表面に抜けた部分での発光が観測されたためである。

口絵5（b）は，X線トポグラフィとフォトルミネッセンス測定の結果を重ね合せたものである。両者は非常によく一致しており，同一の積層欠陥を測定していることを示唆している。

9.1.7 原子間力顕微鏡

図9.13に**原子間力顕微鏡**（**AFM**：atomic force microscopy）の測定原理を示す。プローブを試料にナノメートルのオーダーで接近させ，原子間に作用する力の勾配を検出している（トンネル現象を利用したものが**走査トンネル顕微鏡**（**STM**：scanning tunnel microscope）である）。原子間力は探針を持つ一端支持ばね（カンチレバー）のばね特性を利用して検出する。探針が力を受けると，ばね定数に比例したたわみが生じ，このたわみを測定することに

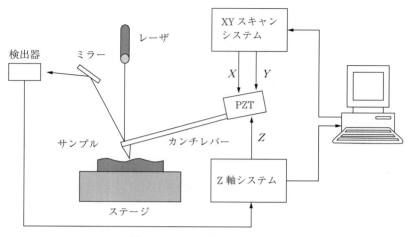

図 9.13 原子間力顕微鏡の原理

より原子間力を検出する。このたわみは光学的に検出される。

口絵 7 に，SiC ウェーハの積層欠陥の AFM による測定結果を示す。図（a）は，積層欠陥のエッジ部の測定であるが，AFM でも表面の線状の部分とウェーハ内部に侵入している部分が測定できている。図（b）は，ウェーハ表面に積層欠陥が抜けている部分の段差測定の結果である。緑は表面を単純に一直線にスキャンした結果であるが，段差はノイズに埋もれて評価できていない。

一方，赤は 7 μm 程度の幅の領域で平均化した結果である。表面に 0.1〜0.15 nm 程度の段差が形成されている。この段差はウェーハの鏡面研磨時に，積層欠陥部でエッチングレートがわずかに高いことにより形成されたと考えられる。

9.1.8 ラマン散乱分光法

ラマン散乱分光法とは，物質に入射した光のラマン散乱によって得られる散乱光のスペクトルから，その物質に関連する情報を得る評価手法である。ラマン散乱分光法により結晶性やひずみが評価可能であり，局所的な内部応力が測定できる。

ラマン散乱分光法は光の非弾性散乱を利用した分析法である。**図 9.14** に，

9.1 結晶欠陥の物理的/化学的評価技術　　119

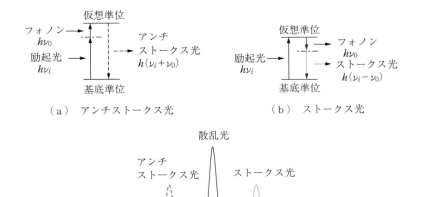

図9.14　ラマン散乱分光法の原理

　ラマン散乱分光法の測定原理を示す。ラマン散乱光は，その物質を構成する分子の振動や回転に基づいて，ある決まった波数に現れる。励起光がフォノンと相互作用することにより，散乱光のエネルギーが変化する。その変化を波数値で表したものを**ラマンシフト**という。通常，ラマンシフトは励起光波数からのずれで表す。したがって，励起光の波長を変えるとラマンスペクトルも平行移動する。測定装置の構成は，基本的にフォトルミネッセンスと同様である。

　図9.15に，4H-SiCウェーハのラマン散乱分光法による測定結果を示す。780 cm^{-1}付近の強いピークはFTOモード[†1]による。960〜980 cm^{-1}のブロードなピークはFLOモード[†2]によるものであり，キャリヤ濃度の変化によりピーク値および半値幅が変化する。高不純物濃度部は，口絵4（a）における暗部である。

　図9.16に，GaN on Siウェーハのラマン散乱分光法による測定結果を示す。GaNのピークと欠陥緩和層によるサブピークが分離して評価できている。567 cm^{-1}のピークはGaNによるものであり，580 cm^{-1}のブロードなピークは

---

†1, †2　専門書を参照のこと。

120　　9. 結晶欠陥の評価技術

欠陥緩和層によるものである。

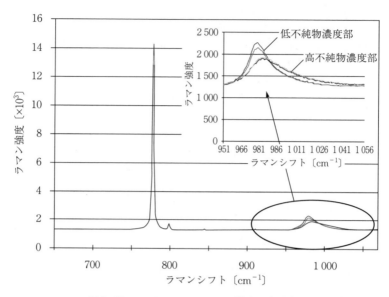

図 9.15　SiC ウェーハのラマン散乱分光測定

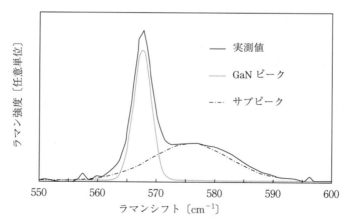

図 9.16　GaN on Si ウェーハのラマン散乱分光測定

9.2 結晶欠陥の電気的評価技術

9.2.1 ライフタイム測定

図 9.17 に，**マイクロ波光導電減衰**（**μPCD**：micro wave photoconductive decay）**法**による再結合ライフタイムの測定原理を示す[4]。レーザ光をパルス照射すると，生成された過剰キャリヤは再結合により消滅してもとの平衡状態に戻っていく。このときの過剰キャリヤ密度の変化は光照射領域の抵抗率の変化となり，反射マイクロ波のパワーもそれに伴い変化する。光パルスの照射前と照射直後の反射マイクロ波パワーの差が抵抗率の差，すなわちキャリヤ密度の差に対応し，その時間変化からライフタイムが求められる。

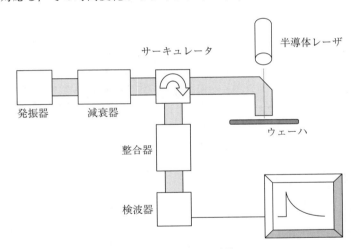

図 9.17 μPCD の原理

測定されるライフタイム τ_r は，ライフタイムを決定する要因が複数（n 個）ある場合，次式で表される。

$$\frac{1}{\tau_r} = \frac{1}{\tau_1} + \frac{1}{\tau_2} + \frac{1}{\tau_3} + \cdots + \frac{1}{\tau_n} = \sum_{k=1}^{n} \frac{1}{\tau_k} \tag{9.3}$$

基板のライフタイム τ_b を精度よく求めるためには，表面準位を介した表面

9.2.2 DLTS 測定

図 9.18 に，**DLTS**（deep level trangient spectroscopy）測定の測定原理を示す。DLTS 法は，容量-電圧（C-V）特性の過渡応答から，深い準位の位置および密度を測定する手法である。まず，深い準位に少数キャリヤを十分トラップさせる。その後，大きな逆バイアスを印加し空乏層を伸ばす。するとフェルミ準位以上の深い準位から少数キャリヤが熱的に放出される。このときの放出確率 e_n は

$$e_n = \sigma_n v_{th} N_c \exp\left(-\frac{\Delta E}{kT}\right) \tag{9.4}$$

である。ここで，σ_n は電子の捕獲断面積，v_{th} は熱速度，N_c は伝導帯の実効状

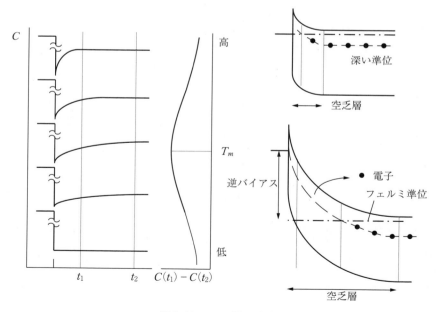

図 9.18 DLTS 法の原理

態密度，ΔEは深い準位の活性化エネルギーである。よって，過渡応答は指数関数となり，時定数τは$1/e_n$となる。

この関係から二つの時間t_1，t_2での容量の差$S(T)$は

$$S(T) = C(t_1) - C(t_2) = \Delta C(0)\left\{\exp\left(-\frac{t_1}{\tau}\right) - \exp\left(-\frac{t_2}{\tau}\right)\right\} \tag{9.5}$$

となる。

深い準位の存在により，ある温度T_mで$S(T)$がピーク値をとるとすると

$$\frac{dS(T_m)}{dT_m} = 0 \tag{9.6}$$

となり

$$\tau_m = \tau(T_m) = \frac{t_1 - t_2}{\ln\dfrac{t_1}{t_2}} \tag{9.7}$$

となる。t_1，t_2の組合せを数種類変えて$S(T_m)$を測定し，τ_mとT_mの組合せを求め，V_{th}は$T^{1/2}$に，N_cは$T^{3/2}$に比例するので，$1/T_m$に対して$\ln(T_m^2\tau_m)$をプロットすると，直線の勾配からΔEが得られる。

図9.19に，電子線照射したSiのDLTS測定結果を示す。220K付近のピークは伝導帯下0.40 eVに存在する準位であり，空孔-空孔（V-V）ペアあるい

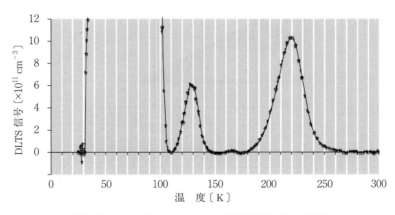

図9.19 DLTS法によるSi中の電子線照射欠陥の評価

は空孔とりん（V-P）の結合とされている。

Siのバンドギャップは1.1 eVであり，深い準位の測定は通常室温より低温側で行われる。一方，SiCやGaNなどのバンドギャップは3 eV以上であるため，深い準位の測定は高温側のDLTS測定を必要とする。したがって，加熱機構を有する新規装置が必要である。

┌─ コーヒーブレイク ─

欠陥評価技術の比較

図は，各種の構造欠陥評価法における欠陥サイズと検出可能な欠陥密度の関係である。サイズの小さい欠陥を評価するためには高密度で欠陥が存在する必要があることを示している。

選択エッチング法およびX線トポグラフィでは，およそ1 μm以上のサイズの欠陥の評価が可能である。これらの評価では，ウェーハ面内の分布を含めた評価が比較的簡単に行える。赤外線トモグラフにより，さらに1桁程度小さいサイズの欠陥まで評価可能である。

欠陥の詳細な形態評価にはTEMによる評価が必要である。また，TEMにより，原子レベルまでの評価が可能である。ただし，TEMによる欠陥評価を行うためには，$10^4 \sim 10^5$ cm^{-2}の欠陥密度が必要である。欠陥密度が低い場合は，他の欠陥評価方法で場所を同定し，**収束電子線**（**FIB**：forcused ion beam）でサンプル作成を行うような手法により欠陥評価を実施している。

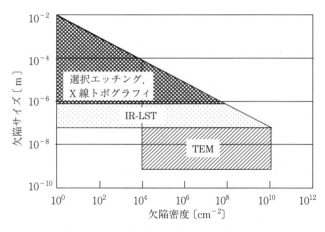

図　欠陥サイズと検出可能な欠陥密度の関係

10 パワーデバイス用 Si 結晶およびウェーハの製造方法

ワイドギャップ半導体パワーデバイスを試作での検証から本格量産に移行するには，Si パワーデバイスに対抗しなければならない。そのためには，Si パワーデバイスの量産体制の分析が不可欠である。特に，結晶製造および供給体制を知っておくことは重要である。本章では，パワーデバイス用 Si 単結晶の育成法とウェーハ形状への加工法について解説する。

10.1 パワーデバイス用 Si 結晶

10.1.1 CZ 法結晶

現在，最も一般的に用いられている単結晶 Si の育成方法は，**CZ**（Czochralski）**法**である。**図 10.1** に，CZ 法による Si 単結晶育成法を模式的に示す。CZ 法では，破砕した高純度多結晶 Si と p 型または n 型のドーパント不純物を高純度石英るつぼに入れ，1 500℃ 程度に加熱して Si 融液とする。その後，単結晶の

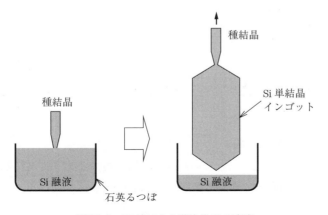

図 10.1 CZ 法による単結晶 Si の育成

種結晶を用いた引上げにより，単結晶Siを製造している。種結晶を用いることにより，種結晶の結晶情報を反映した円柱形のSiインゴットが得られる。

通常，種結晶のサイズは4～6 mm角程度であるが，種結晶がSi融液と接触した瞬間に種結晶とSi融液との温度差による熱衝撃により多量の転位が発生する。この転位はSi結晶の径を3 mm程度に絞ることにより結晶外部に放出され，結晶を無転位化できる。この技術を**ダッシュネッキング**と呼ぶ。結晶の無転位化後，引上げ速度を調整して所望の結晶直径まで拡大し，円柱状のSiインゴットを製造する。

CZ法におけるドーパント不純物濃度は最初に投入された不純物の固体Siへの取込み量によって決まる。液体のSiから固体のSiを製造する際には偏析現象が伴う。**表10.1**に，ドーパント不純物の偏析係数と蒸発速度を示す。この偏析現象により固体化する際の不純物の取込み量が，液体より固体のほうが少ないため，徐々に融液の不純物濃度が濃くなる。そのため，Si結晶に取り込まれるドーパント不純物の量が徐々に濃くなってしまう。このため，CZ法で製造したSi結晶では，インゴットの上部と下部で抵抗率が異なるという現象が発生する。そのため，CZ法で製造したSi結晶はパワーデバイス用としては使用されていないのが現状である。

表10.1　Si単結晶の不純物偏析係数と蒸発速度

導電型	p型	n型		
不純物	ボロン(B)	りん(P)	ヒ素(As)	アンチモン(Sb)
平衡偏析係数	0.8	0.35	0.3	0.023
蒸発速度〔cm/s〕	8.0×10^{-6}	1.6×10^{-4}	4.7×10^{-4}	1.3×10^{-1}

10.1.2　FZ法結晶

FZ法では，原料として円柱状の高純度多結晶Siをそのまま用いる。**図10.2**に示すように，加熱には高周波誘導コイルを用い多結晶Siの先端部分のみ融液化する。CZ法と同様の種結晶を用い，無転位化後に所望の径のSiインゴットを製造する。

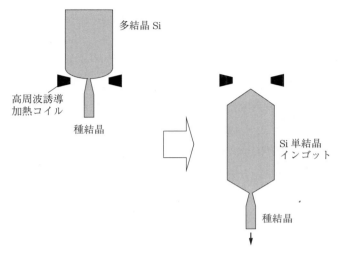

図 10.2 FZ 法による単結晶 Si の育成

CZ 法が引上げで結晶を育成するのに対し，FZ 法では引下げで結晶を育成する。FZ 法では石英るつぼを用いないため，きわめて低酸素濃度の Si 結晶が育成可能である。ただし，CZ 法と比較して製造が難しく高コストであるため，高周波やパワーデバイスなどの特殊な用途のみに使用されている。

図 10.3 に，FZ 結晶のドーパント不純物濃度の制御方法を示す。ドーパント不純物量の調整は，**中性子照射**（**NTD**：neutron transmutation doping）**法**または連続したガスドーピング法により行うため，ドーパント濃度の縦方向の制御性は良好である。

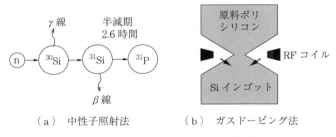

図 10.3 FZ 法によるドーパントの濃度制御

地球上には質量数30のSi原子^{30}Siが3%程度存在する。この存在比率は地球上どこでも同一である。図（a）に示したように、^{30}Siに中性子を照射すると、γ崩壊して^{31}Siに変化する。^{31}Siはβ崩壊して半減期2.6時間で^{31}Pに変化する。こうしてn型の不純物制御が可能である。この中性子照射による不純物制御はブロック状態で行い、ウェーハ面内均一性が良好であるが、n型の不純物制御しかできない。また、中性子照射のための放射線設備が必要であり、現状、世界で数か所でしか処理できない。そのため、デリバリが悪く供給体制が安定していない。今後もこの傾向が改善することは期待できない。

もう一つのドーピング法は、図（b）に示したガスドーピング法である。**ガスドーピング法**における不純物ドーピングは融液部に直接ドーピングガスを吹き付けて行う。ドーピングガスとして、ジボランB_2H_2やホスフィンPH_3を用いることにより、p型、n型両方の不純物制御が可能である。現状、ガスドーピング法による不純物濃度のウェーハ面内均一性は中性子照射法と比較して劣るものの、放射線設備が必要なくデリバリが安定しており、今後の技術向上が期待できるため、ガスドーピング法によるFZ結晶の比率が増えてきている。

10.1.3　Siのエピタキシャル成長

パワーデバイス用Si結晶のもう一つの解がエピタキシャル成長による結晶である。エピタキシャル成長ではドーパント不純物は連続したガス供給により行っており、ドーパント濃度の制御性は良好である。

表10.2に各種のエピタキシャル成長装置とそれらの特徴を示す。ベルジャー炉およびシリンダ炉は、125～150 mmの小口径ウェーハに対し用いられる。これらの装置では20枚前後のウェーハが装填可能であり、スループットは高いが処理バッチごとに大気暴露しており、結晶品質は劣る。

ミニバッチ炉および枚葉炉は150～200 mm（および300 mm）の大口径ウェーハに対し用いられる。これらの装置はスループットは劣るが、ゲートバルブを用いたウェーハの搬送を行っており、チャンバを大気暴露していない。したがって、エピタキシャル層の抵抗率および厚さの均一性や不純物含有量な

表10.2 シリコンエピタキシャル成長装置

○ ウェーハ　→ ガス流

形式	ベルジャー炉(縦型)	シリンダ炉	ミニバッチ炉	枚葉炉
構造				
加熱	高周波誘導加熱	赤外ランプ加熱 高周波誘導加熱	赤外ランプ加熱 抵抗加熱	赤外ランプ加熱 抵抗加熱
適用	150 mm 以下	150 mm 以下	150〜200 mm	150〜300 mm
長所	・構造が簡単，保守が容易 ・スループットが良好	・膜厚，抵抗率の均一性あり ・転位発生が少ない ・スループットが良好	・全自動可，量産化志向 ・膜厚，抵抗率の均一性が良好 ・転位発生が少ない	・全自動 ・膜厚，抵抗率の均一性が良好 ・転位発生が少ない
短所	・パーティクルが多い（大気暴露） ・転位が多い（温度分布大）	・構造が複雑 ・パーティクルが多い（大気暴露）	・枚葉炉と比較すると品質が劣る	・スループットが低い ・装置が高価

どのウェーハ品質は非常に良好である。

パワーデバイス用エピタキシャルウェーハは，高不純物濃度の低抵抗基板上に厚い n⁻ エピタキシャル層を形成した構造である．図 10.4 に示すように，原子の結合半径は原子ごとに異なる．そのため，Si 結晶の格子定数は不純物種とその濃度により変化する．

このため，図 10.5 に示すようにパワーデバイス用エピタキシャルウェーハでは，エピタキシャル層の厚さが厚くなるほどウェーハのそり量が増加する．

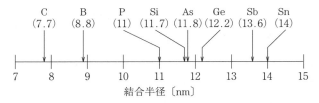

図 10.4　各種原子の結合半径

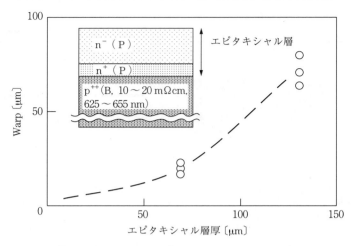

図 10.5　200 mm Si エピタキシャルウェーハのそり

ウェーハのそり量が 100 μm を超えると，デバイス製造用のプロセス装置での処理ができなくなる。したがって，そのほかの要因も含めて，エピタキシャル層の厚さは 150 μm が限界である。デバイスの耐圧に換算すると 1 500 V 程度である。

10.1.4　パワーデバイス用 Si 結晶の使い分け

　半導体デバイスを製造するためには，ウェーハの厚さは最低でも 250 μm 程度は必要である。前述のようにエピタキシャルウェーハでは，耐圧保持層の厚さは 150 μm が限界である。そのため，現状でも 2 000 V 以上の耐圧のデバイスには FZ ウェーハを用い，裏面不純物を拡散させた拡散ウェーハが使用されている。一方，これまでは 1 500 V 以下の耐圧のパワーチップ用としては，エピタキシャルウェーハが主流であった。

　近年，薄ウェーハプロセス†が実用化され状況が変化してきた。図 10.6 に，耐圧ごとの最近のパワーデバイス用ウェーハの適用傾向を示す。図中に示した矢印は，FZ ウェーハを使用した場合とエピタキシャルウェーハを適用した

---

†　3.2.3 項参照。

10.1 パワーデバイス用 Si 結晶

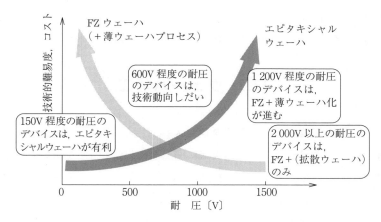

図 10.6 現状のパワーデバイス用ウェーハの選定

場合の技術的な難易度を示している．技術的な難易度はウェーハコストに直結する．

エピタキシャルウェーハはエピタキシャル層が厚いほど製造が難しく，コストアップする．FZ を用い薄ウェーハプロセスを適用することにより，チップ製造プロセスの最後で裏面の不純物構造を形成でき，コストの低い FZ ウェーハが使用できる．現在，100 μm 以上のウェーハ厚に対する薄ウェーハプロセスは十分確立しており，1 200 V クラスのパワーチップには FZ ウェーハが使用されるようになってきている．

一方，600 V クラスのデバイスには，100 μm 以上のエピタキシャル層を有するウェーハに比較すると，低コストの 70 μm 程度のエピタキシャル層を有するエピタキシャルウェーハが用いられる．このクラスのデバイスに薄ウェーハプロセスを適用した場合，厚さが 70 μm 程度のウェーハをハンドリングする必要があるが，その技術は十分確立しておらず，現状ではエピタキシャルウェーハのほうが優位である．ただし，今後このクラスの薄ウェーハプロセスが確立すると，FZ ウェーハに置き換わる可能性がある．

耐圧が 150 V クラスのパワー MOSFET では，コスト的にも品質的にもエピタキシャルウェーハが断然有利である．また，最近の低耐圧用パワー

MOSFETの基板には，基板の低抵抗化のため，アンチモン，ヒ素，さらには赤燐をドープした基板を用いたエピタキシャルウェーハが使用されている。

10.2 ウェーハ加工

10.2.1 一般的なウェーハ加工プロセス

一般的に，半導体デバイスは円板状に加工されたウェーハを用いて製造される。そのため，育成された半導体結晶インゴットをウェーハ形状に加工する。**表10.3**に，半導体ウェーハの加工プロセスを示す。

最初に育成したインゴットの上下の円錐形状部分を除去し，外形研削により直径を合わせ，ウェーハ面内の結晶方位を示すための方位加工を施す。その後，扱いやすいブロックに切断する。

ブロック加工後，ウェーハ状にスライスする。Siウェーハにおいては，内側にダイヤモンド粒を固着させた内周刃によるスライシングは，150 mm以下の直径のウェーハに適用されている。200 mm以上の直径のウェーハはマルチワイヤソーでスライスされている。

面取り加工後，ラッピングと呼ばれる機械的な平坦加工を施す。ウェーハは，この時点で最も平坦な状態になる。その後，酸またはアルカリ溶液にて機械的ダメージ除去を行う。直径200 mm以下のウェーハでは，このエッチング面が出荷時の裏面の状態である。酸とアルカリでは面状態が異なるので注意が必要である。直径300 mmウェーハからは，高平坦面を実現するため表裏両面鏡面処理が標準仕様である。

最終的なウェーハ表面は鏡面（ミラー面）仕上げである。鏡面状態は，化学的機械的研磨である**CMP**（chemical mechanical polishing）で実現される。鏡面加工はポリッシングと呼ばれることが多い。ウェーハ表面のCMPは通常2段階ないし3段階で実施され，後段のCMPほど化学的研磨の割合が高い。この状態が出荷時の表面状態であり，デバイスの写真製版の善し悪しに直結するため最も重要なプロセスである。

10.2 ウェーハ加工

表10.3 半導体ウェーハの加工プロセス

加工工程	工程概要	模式図
結晶切断 外形研削 方位加工	・直胴部以外を除去 ・直径の合わせ込み ・ノッチ, オリフラ加工 ・ブロックに切断	
ウェーハ切断 （スライシング）	・ウェーハ状に切断 ≤ 150 mm：内周刃 ≥ 200 mm：マルチワイヤソー	
面取り （ベベリング）	・面取り加工	
機械的研磨 （ラッピング）	・機械的な平坦加工 ・ウェーハはフリーの状態 ・数十枚のバッチ処理	
エッチング	・機械的なダメージの除去 ・酸またはアルカリ溶液中での処理	
鏡面加工 （ポリッシング）	・化学的・機械的研磨 ・ウェーハはセラミック板あるいはガラス板などに固定 ・2から3段階の処理	
検査 梱包	・平坦度, 抵抗率, 異物などの検査 ・クリーンな環境での梱包 ・窒素封じ	

　最後に，表面異物（パーティクル），平坦度（フラットネス），および抵抗率などの検査を行い，クリーンな環境で梱包して出荷される。

10.2.2 ウェーハ仕様

　表10.4に，一般的にウェーハ仕様として規定されている項目と，それらのデバイスへの影響を形状に関する項目と品質に関する項目に分けて示す。ウェーハ仕様の最適化により，デバイス特性および歩留りの向上が可能であ

10. パワーデバイス用 Si 結晶およびウェーハの製造方法

表10.4 ウェーハ仕様

	ウェーハ仕様	デバイスへの影響
形状	ウェーハ直径	ウェーハ1枚当りの取れ数増加によるコスト低減
	ウェーハ厚さ	ウェーハ強度の確保
	ノッチ（オリフラ）方位	製造装置への適応，チャネルの方向
	ベベリング	製造装置への適応，発塵抑制，外形制御
	表面仕上げ	鏡面仕上げが主
	裏面処理	ゲッタリング，エピタキシャル成長のオートドープ抑制（酸化膜），300 mm から鏡面仕上げ
	TTV	一括露光装置の性能を確保，おおまかな平坦性の確保
	サイトサイズ，PUA	ステッパーの性能を確保
	サイトフラットネス	
	そり	露光機への吸着，製造装置への適応
品質	結晶製造方法	欠陥（COP）対策，デバイス特性実現
	導電型	デバイス特性実現
	結晶面方位	
	抵抗率，抵抗変化率	
	パーティクル	デバイス歩留まり確保
	ライフタイム	内部汚染有無の確認
	酸化誘起積層欠陥（OSF）	表面汚染有無の確認
	酸素濃度	基板内部析出物の密度管理（適度な IG の実現）

り，ウェーハエンジニアリングと呼ばれる技術である。以下に，各仕様項目の概要を説明する。

ウェーハ直径の拡大は，ウェーハ1枚からのデバイスチップの取れ数を増やし，チップコストを下げる目的で継続的に行われてきた。ウェーハは大口径化するほど自重によるそりが大きくなる。したがって，ウェーハの機械的強度を保つため，ウェーハの厚さは大口径化に従って厚くする必要がある。

ウェーハ端面の面取り形状にはいくつかのパターンがある。ウェーハ端面が装置やケースに当たった場合のチッピング防止が最大の目的であるが，製造装置への適応を考慮して規定される。

ウェーハのそりはデバイス製造装置からの要求で決まる。ウェーハのそりが大きいとウェーハの搬送に不具合が発生したり，場合によっては真空吸着がで

10.2 ウェーハ加工

きなくなったりする。最大でも 100 μm 以下に抑える必要がある。

　ウェーハの平坦度はリソグラフィの方式に密接に関係している。平坦度規格は露光装置からの要求で定義される。実際のウェーハ仕様では，これらにサイトサイズが加わる。集積度を上げるためにはチップ面積が大きくなり，保証すべきサイズも大きくなる。保証領域はリソグラフィ工程の露光方式に対応している。**TTV**（total thickness variation）は一括露光装置対応であり，ウェーハ全面での平坦度である。微細化に伴いステッパーが使用されるようになり，露光サイトごとでの保証が必要になった。さらにスキャナ対応の規格が定義されるようになった。基準面は裏面基準と表面基準があり，表面基準はチルティング機構を有する露光装置対応の規格である。

　PUA（percent usable area）は，サイトフラットネスにおける測定サイトの合格割合を全測定サイトに対するパーセント値で表したものである。通常，95～100%の値である。当然，値が大きいほど厳しい要求である。

　ウェーハ平坦性の簡便な評価法は静電容量による。空気を挟んだ電極間にウェーハを挿入し，静電容量の変化からウェーハ厚さの変化を介して平坦度を評価する。この測定法はスループットが高いため広く用いられている。ただし，電極面積が数ミリメートルと大きいため，空間分解能がよくない。そのため，光学式の平坦度測定も行われている。

　結晶製造方法は CZ 法か FZ 法かであり，パワーデバイスでは FZ 法である。エピタキシャルウェーハの場合は CZ 法で製造した基板を用いる。エピタキシャル層の仕様は別に規定される。

　抵抗率は，デバイス耐圧とオン抵抗に直結する仕様であり，パワーデバイスでは最も重要な仕様である。エピタキシャルウェーハの場合は，エピタキシャル層の抵抗率と厚さを規定する。

　ライフタイムや **OSF**（oxidation induced stacking fault）は，通常，不純物汚染の評価に用いられる。酸素濃度は CZ 結晶における仕様である。酸素析出物の制御は，Si 集積回路ではゲッタリング[†]に直結する仕様である。

---

†　8.3.2 項参照。

11 ワイドギャップ半導体結晶の製造方法

　SiC および GaN パワーデバイスが Si パワーデバイスに比べ高価なのは，結晶およびウェーハ製造の難しさに起因している。ただし，この課題を克服しないといつまでたってもワイドギャップ半導体はニッチのままである。

　本章では，SiC および GaN 結晶の育成法を中心に述べる。また，究極のパワーデバイス用材料とされているダイヤモンドおよび SiC，GaN とダイヤモンドの中間のバンドギャップを有する Ga_2O_3 の結晶育成法について述べる。

11.1 パワーデバイス用 SiC 結晶

11.1.1 昇　華　法

　現在実用化されている SiC 単結晶の唯一の育成法は，**図 11.1** に模式的に示す**昇華法**である。昇華とは，固体から液体を経ずに気体になる，逆に気体から固体になることである。昇華法ではウェーハ状の種結晶を用いており，融液から結晶を育成する Si と比較して大口径化が困難である。また，種結晶の結晶性がインゴットに継承されるため，結晶品質の向上が難しい。

　数年前は SiC 単結晶にはマイクロパイプと呼ばれるウェーハを貫通するような空洞欠陥が多数存在し，とても量産に耐える状態ではなかった。最近では，マイクロパイプの密度は $0 \sim 2$ 個/cm^2 程度まで向上している。しかしながら，Si 単結晶が無転位であるのに対し，SiC 単結晶では現状 $10^2 \sim 10^6$ 個/cm^2 の転位欠陥が存在している。

　元来，SiC は Si との相性が良い材料であり，Si 製造ラインでの共存が可能である。SiC デバイス製造には，いくつかの SiC 特有のプロセス† があるが，写真製版，成膜およびエッチングなど共有可能なプロセスも多い。したがっ

---
† 12.2 節参照。

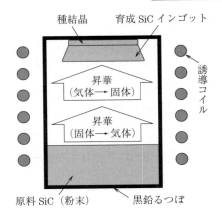

図 11.1 昇華法による SiC 単結晶の育成

て，同じラインで製造できれば投資を大きく抑制できる。

現在の Si デバイス製造ラインは，200〜300 mm のウェーハラインが主流であり，125〜150 mm のウェーハラインが空く状況になってきている。そのため，多くのデバイスメーカーは 125 mm 径以上の SiC ウェーハに期待をしていたが，いまだに実用化されていない。

図 11.2 は，Si ウェーハと比較した SiC ウェーハの大口径化の歴史である。ようやく，150 mm 化の声が聞かれ出した。しかしながら，SiC パワーデバイスメーカーは 100 mm 径ウェーハでの少量生産を開始しており，現状，直径 100 mm ウェーハでの高品質化が重要である。

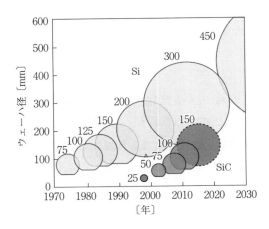

図 11.2 SiC ウェーハの直径推移

図11.3に，現状1回の結晶育成で製造できるインゴット体積のSiとSiCでの単純比較を示す。パワーデバイス用Siは200 mm化が進んでおり，1回に1 m以上の長さのインゴットを製造する。一方，昇華法SiCではようやく直径100 mm結晶が製造できるようになり，150 mmはいずれ実現可能だと思われる。ただし，昇華法では1回の結晶育成は直径程度が限界である。1回に製造可能なインゴット体積はSiの1桁以下である。したがって，昇華法による結晶製造では少量の量産はできても本格量産は難しいといわざるを得ない。

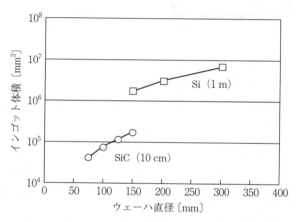

図11.3 インゴット体積のSiとSiCの比較

このほかに，ウェーハ加工の難しさおよびチップ製造プロセスの難しさを加味すると，Siパワーデバイスとの生産性の差はさらに大きくなる。

11.1.2 RAF法

昇華法SiCの結晶の転位を低減し高品質化する技術に**RAF**(repeated A-face)**法**がある。図11.4にRAF法の原理を示す。通常の昇華法SiC結晶はc軸方向に成長させる。RAF法ではc面に垂直なa面またはm面[†]を切り出し，a面またはm面成長を行う。成長した結晶から，さらにm面またはa面を切り出し，m面またはa面成長を繰り返す。最後に，その結晶からc面を

[†] c面とm面，a面の関係は図6.19参照。

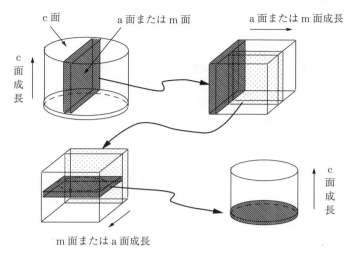

図 11.4 RAF プロセス

切り出し,結晶成長を行う。

a 面または m 面成長では,デバイスに悪影響を与えるとされている,らせん転位と基底面転位の大幅な低減が可能である。RAF 法により高品質の SiC 種結晶が製造できる。

11.1.3 溶　液　法

もし,液体の SiC (SiC 融液) が得られれば,Si 結晶と同様な方法で SiC 結晶の製造が可能である。しかしながら,SiC 融液を得るには例えば,35 気圧,3 400℃という状態に持っていく必要がある。残念ながら現在の半導体製造装置では達成できない条件である。そのため,現在検討されている液相からの SiC 結晶の育成は,Si 融液に C を溶かし込む**溶液法**[†]である。

図 11.5 に,溶液法による SiC 結晶育成法を模式的に示す。黒鉛るつぼを用い,1 600 〜 2 000℃に加熱することにより,Si 融液に C が溶け込む。C の溶解度を増加させるため,チタン (Ti) やクロム (Cr) などの添加を行う。

[†] Si の単結晶育成は融液法である。

140   11. ワイドギャップ半導体結晶の製造方法

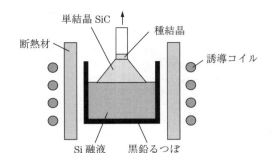

図 11.5 溶液法による SiC 単結晶の育成

　SiC の溶液成長は小さな種結晶からの結晶育成が可能であり，大口径化および高品質化が可能な技術として期待されてきたが，十分に応えられていないのが現状である。また，生産性の向上には大型の黒鉛るつぼが必要である。

11.1.4　ガス成長法

　昇華法および溶液法はバッチ式である。したがって，長尺結晶の育成は難しい。原理的に連続成長が可能な結晶育成法に**ガス成長法**がある。**図 11.6** に，ガス成長法による SiC 結晶育成法を模式的に示す。Si の原料ガスとしてシラン（SiH_4），C の原料ガスとしてプロパン（C_3H_8）を用い，2 000℃ 以上の高温での CVD により単結晶を育成する。

　ガス成長法では原料ガスの連続供給が可能であり，引上げ機構を組み込むことにより長尺結晶が育成できる。ガス成長法の技術課題は 2 000℃ 以上の高温で，安定して成長を継続する技術の確立である。

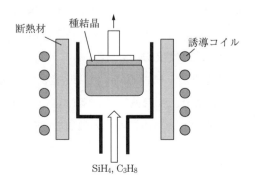

図 11.6　ガス成長法による SiC 単結晶の育成

11.1.5 SiC のエピタキシャル成長

現状,SiC パワーデバイスの製造[†]においては,エピタキシャル成長が必須である。高濃度 n 型結晶上に耐圧保持層の n 型層をエピタキシャル成長により形成する。トレンチ型では,さらに p 型層のエピタキシャル成長を行う必要がある。

図 11.7 に,SiC エピタキシャル成長装置を模式的に示す。図(a)は,**横型コールドウォール炉**と呼ばれる装置であり,石英管に水冷を施している。試料は高周波誘導コイルにより加熱される。図(b)は,**横型ホットウォール炉**と呼ばれる装置であり,サセプタを断熱材で覆うことによりサセプタと試料

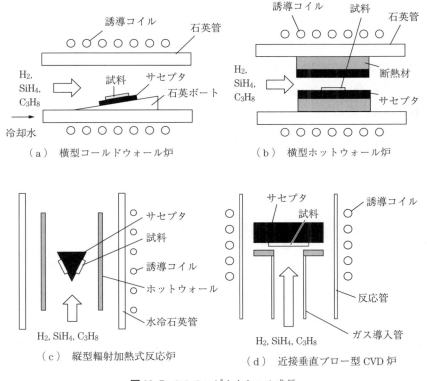

(a) 横型コールドウォール炉　　(b) 横型ホットウォール炉

(c) 縦型輻射加熱式反応炉　　(d) 近接垂直ブロー型 CVD 炉

図 11.7 SiC のエピタキシャル成長

---

† 12.2 節参照。

142   11. ワイドギャップ半導体結晶の製造方法

は加熱されるが，石英管はほとんど加熱されない．

　図（c）は，**縦型輻射加熱式反応炉**と呼ばれる装置であり，縦型のホットウォール炉である．サセプタはくさび形をしており，試料は斜め下方向を向いている．エピタキシャル層の成長速度は 15 μm/h 程度である．

　図（d）は，**近接垂直ブロー型 CVD 炉**と呼ばれる装置であり，試料の直径と同じ直径のガス導入管を用いることにより，高効率に原料ガスを供給できる．この装置で 140 μm/h 程度の成長速度が達成されている．

11.2　パワーデバイス用 GaN 結晶

11.2.1　GaN on Si 結晶

　GaN 結晶を用いたいくつかの半導体デバイスは，すでに実用化されている．これらのデバイスは**図 11.8** に示すように，さまざまな基板を用いて製造されている．高周波デバイスには SiC 基板が用いられ，LED にはサファイア基板，**LD**（laser diode）には GaN 基板が用いられている．それらの基板上に**図 11.9** に示す**有機金属気相成長**（**MO-CVD**：metal organic chemical vapor deposition）**法**により，GaN，AlGaN 層などをエピタキシャル成長させてデバイスを製造している．

　パワーデバイス対応としてはコストが最重要であり，現状最もコストの低い Si ウェーハを用いてデバイス開発がなされている．サファイア基板を用いたパワーチップも試作されているが，サファイアは熱抵抗が大きく実用化には問題がある．

　GaN 基板以外の基板を用いる場合には，格子定数の違いによる欠陥発生を抑制するための転位低減層が必要である．それでも Si に比べて欠陥の多い SiC よりも，数桁欠陥密度が高いのが現状である．最も欠陥が少ないのは GaN 基板を用いた場合であり，それゆえに高品質基板を要求される LD で使用されている．ただし，現状，GaN 基板は生産数が少なくきわめて高価である．

11.2 パワーデバイス用 GaN 結晶　　143

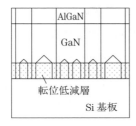
（a） Si 基板
　　　（パワーデバイス，高周波デバイス）

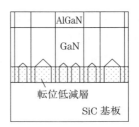
（b） SiC 基板
　　　（高周波デバイス）

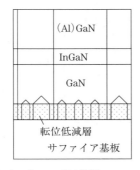
（c） サファイア基板
　　　（LED，パワーデバイス）

（d） GaN 基板
　　　（LD）

図 11.8　GaN デバイス用基板

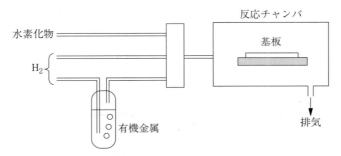

図 11.9　MOCVD 装置

11.2.2 GaN 自立結晶

表 11.1 に,検討中の技術を含めた GaN 基板の製造法と課題をまとめた。GaN そのものの基板ということで**自立基板**と呼ばれる。現在,唯一実用化されているのは**図 11.10** に示す **HVPE**(hydride vapor phase epitaxy)**法**である。HVPE 法では,ガリウムと塩化水素ガスを反応させ,さらにアンモニアガスとの反応により GaN を成長させる。このときの反応式は次式で表される。

$$\mathrm{GaCl}(気体) + \mathrm{NH_3}(気体) \rightarrow \mathrm{GaN}(固体) + \mathrm{HCl}(気体) + \mathrm{H_2}(気体) \tag{11.1}$$

表 11.1 GaN 自立基板の製造法と課題

製法	概要	特徴・課題
HVPE 法	・HCl ガスと金属 Ga を高温で反応 ・サファイア,シリコンなどの基板上に成長 ・温度:1 000℃ ・気圧:1 気圧	・GaN 基板製造の主流技術 ・多数枚の成長が困難 ・厚膜の成長が困難 →大量生産に不向き
高温高圧合成法	・Ga 融液に窒素を溶解し,液中で GaN 単結晶を成長 ・温度:1 400〜1 500℃ ・気圧:10 000 気圧以上	・低転位密度を実現
Na フラックス法	・Ga-Na 混合融液に窒素を溶解させ,GaN 単結晶を成長 ・温度:500〜800℃ ・気圧:50〜100 気圧	・高品質 ・低コストが期待できる
アモノサーマル法	・超臨界状態のアンモニアに GaN を溶解させ,GaN 単結晶を成長 ・温度:300〜500℃ ・気圧:1 000〜3 000 気圧	・高品質 ・原理的に大型化可能 →複数枚の成長が可能

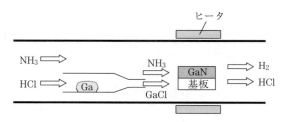

図 11.10 HVPE 法による GaN 単結晶の育成

高温高圧合成法は，欠陥密度は低いものの，1万気圧以上の高圧を必要とするため実用化にはハードルが高い。NaフラックスとアモノサーマルNaフラックスとアモノサーマル法は，比較的低温・低圧で製造可能である。生産性が上がり，低コスト化の可能性があり，複数の機関で検討されている。

11.2.3 Naフラックス法

図11.11に，**Naフラックス法**（ナトリウムフラックス法）によるGaN単結晶の育成法を示す。Naフラックス法はNaを触媒として使用しており，このときの反応式は次式で表される。

$$\text{Ga(液体)} + \frac{1}{2}\text{N}_2(\text{気体} \rightarrow \text{液体}) \rightarrow \text{GaN(固体)} \tag{11.2}$$

これまで，種結晶としてHVPE法によるGaN結晶を用いて技術開発がなされてきたが，結晶品質向上に向け，Naフラックス法で大面積結晶を製造する技術開発が実施されている。

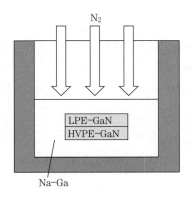

図11.11 Naフラックス法によるGaN単結晶の育成

11.2.4 アモノサーマル法

図11.12に，**アモノサーマル法**によるGaN単結晶の育成法を示す。アモノサーマル法では超臨界アンモニアが用いられている。**図11.13**は物質の状態図である。横軸が温度，縦軸が圧力であるが，図中の臨界温度T_Cおよび臨界

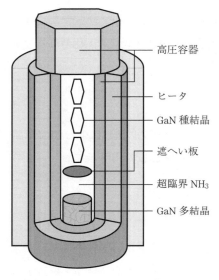

図 11.12 アモノサーマル法による
GaN 単結晶の育成

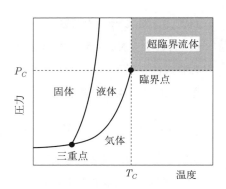

図 11.13 超臨界流体

圧力 P_C 以下では，固体，気体，液体の状態があるが，これはよく知られた関係である。温度が T_C 以上でかつ圧力が P_C 以上の状態が超臨界流体の状態であり，非常に活性で反応性に富んだ状態となる。

表 11.2 に，水とアンモニアの T_C および P_C の値を示す。超臨界水を用いた製造技術は**ハイドロサーマル法**と呼ばれ，人工水晶の製造などですでに実用化されている。超臨界アンモニアを用いた製造法がアモノサーマル法であり，原料となるガリウムと窒素を溶かし込むことにより GaN が製造できる。

表 11.2 アンモニアと水の臨界温度と臨界圧力

	臨界温度 T_C〔℃〕	臨界圧力 P_C〔MPa〕
アンモニア	132.4	11.35
水	374.2	22.12

11.3　そのほかのワイドギャップ半導体結晶

11.3.1　電子デバイス用サファイア結晶

サファイアはアルミナ（酸化アルミニウム：Al_2O_3）の単結晶である。サファイアは絶縁体であるが，LED 用の GaN 結晶は現状おもにサファイア基板上に形成されている。サファイアは，熱伝導性が悪いので，パワーデバイス用には不向きである。

サファイア単結晶は比較的容易に Al_2O_3 融液が得られるため，CZ 法で育成可能である。**図 11.14** に，CZ 法以外のサファイア単結晶の育成法を模式的に示す。図（a）は，**EFG**（<u>e</u>dge-defined <u>f</u>ilm-fed <u>g</u>rowth）**法**と呼ばれ，スリットを通して板状に成長させる技術である。ウェーハ直径は 150 mm は問題なく製造されており，200 mm 以上のウェーハも試作されている。

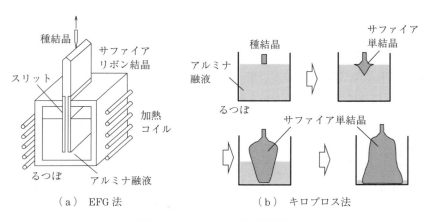

図 11.14　サファイア結晶の育成

図（b）の単結晶育成法は**キロプロス法**と呼ばれる。Al_2O_3 融液と種結晶を用いて結晶を育成するのは CZ 法と同様である。キロプロス法では，るつぼ内でそのままインゴット化させる。ウェーハ化はインゴットを円柱状に切り出し，スライス後の鏡面研磨により行う。

148　11. ワイドギャップ半導体結晶の製造方法

図 11.15 に，EFG 法で育成した単結晶のウェーハ化の方法を模式的に示す。リボン状の単結晶であるため，円形に切り抜くことにより，スライスすることなくウェーハ化できる。結晶厚さの制御が可能であり，スライスによる切り代の発生がない。

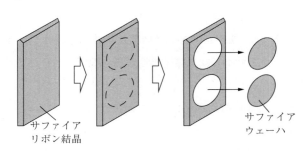

図 11.15　EFG 結晶のウェーハ化

11.3.2　Ga_2O_3 結晶

Ga_2O_3 は，サファイア同様，融液からの単結晶育成が可能である。したがって，SiC や GaN と比較して大口径化と高い量産性が実現できる可能性がある。現状，FZ 法や EFG 法がおもに用いられ，基板が試作されている。

Ga_2O_3 結晶には課題も多いが，融液法で結晶育成が可能なワイドギャップ半導体はほかにはなく，次世代あるいは次々世代パワーデバイス用としておおいに期待できる。

11.3.3　ダイヤモンド単結晶

ダイヤモンド単結晶は，高温高圧法で育成した 3〜5 mm 角程度の単結晶をベースに，CH_4 と H_2 の混合ガスを用いた**プラズマ CVD 法**で育成する手法がおもに検討されている。

図 11.16 に，ダイヤモンド単結晶の育成法の例を模式的に示す。結晶育成は，2 000℃超のプラズマに試料をさらして行う。マイクロ波照射によるプラズマ CVD により，高配向成長および不純物ドーピングが可能である。

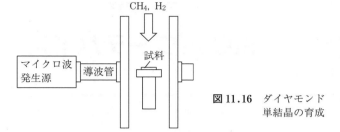

図 11.16 ダイヤモンド単結晶の育成

─┤ コーヒーブレイク ├─

Si 上の 3C-SiC 結晶

　現状，市場投入されている SiC パワーデバイスは，すべて 4H-SiC 結晶が用いられている．一時期，パワーデバイス用として Si ウェーハ上に CVD で厚膜成長した 3C-SiC 結晶が検討された．3C-SiC は 4H および 6H 結晶に比べるとバンドギャップは小さいものの，Si に比べると十分にワイドギャップである．

　3C-SiC は Si ウェーハ上に形成できるため，大口径化が容易に行える可能性がある．当時，著者も結晶メーカーと情報交換し，おおいに期待していた．しかしながら結局は量産には結び付かず，期待はずれの技術であった．

― デバイス編 ―

12 SiC パワーデバイス

本章では，最も実用化に近いワイドギャップ半導体パワーデバイスである SiC パワーデバイスについて解説する．現在，市場に投入されている SiC パワーデバイスは，ユニポーラデバイスであるショットキー障壁型ダイオード（SBD）とパワー MOSFET である．SiC 結晶の品質向上，特に転位密度の低減により，pin 接合型ダイオードや IGBT などのバイポーラデバイスの検討も可能になった．SiC パワーデバイスの現状と課題についてまとめる．

12.1 SiC パワーデバイスの種類

12.1.1 パワーダイオード

SiC を用いたパワーダイオードとして，Si と同様，pin 接合型ダイオードとショットキー障壁型ダイオード（SBD）が検討されている．最初に市場投入されたワイドギャップ半導体パワーデバイスは SiC-SBD であり，ワイドギャップ半導体が大きな注目を集めるきっかけとなった．

図 12.1 に，SiC-SBD 構造の例を示す．窒素（N）を高濃度にドーピングした n^+ 基板上に，エピタキシャル成長により耐圧保持層である n^- 層を形成する．表面側にショットキー障壁形成のための金属を成膜している．ショット

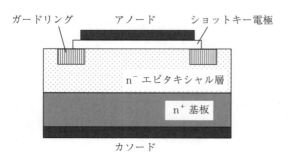

図 12.1 SiC-SBD の構造例

キー電極としてはチタン (Ti)，モリブデン (Mo)，ニッケル (Ni) などが用いられ，比較的低温の熱処理で界面を安定化させることができる。デバイス周囲には，耐圧保持のためのガードリングが形成されている。

SiC-pin 接合型ダイオードは SiC のバンドギャップが大きいため，立上り電圧が 3 V 程度と高く，耐圧 1 200 V 以下のデバイスには使いづらい。一方，Si では実現できない 10 kV 以上のデバイスも可能であり，高耐圧ダイオードとして期待されている。ただし SiC では，バイポーラ動作に伴うキャリヤの再結合により，転位が伸展するあるいは積層欠陥に変化するという問題がある。バイポーラデバイスの実現には転位密度の削減が必須である。転位密度がある程度削減されてきているので，バイポーラデバイスの検討が可能になったということもできる。

SiC パワーダイオードでも，ショットキー障壁型ダイオードと pin 接合型ダイオードの利点を生かした MPS ダイオード[†]が検討されている。MPS ダイオードでは，ショットキー障壁型ダイオードと pin 接合型ダイオードを繰り返して形成することにより，立上り電圧はショットキー障壁型ダイオードで規定され，逆耐圧は pin 接合型ダイオードで規定されるように設計されている。SiC-MPS ダイオードでは，サージ耐圧の向上が可能である。

12.1.2 パワー MOSFET

SiC-SBD に続き，SiC パワー MOSFET の市場投入も開始されている。**図 12.2** に，SiC パワー MOSFET の構造を Si パワー MOSFET と比較して示す。表面側にゲート電極とソース電極が形成され，裏面にドレーン電極が形成されるという基本的な構造は同じである。

図は，同じ耐圧のデバイスを想定したものであるが，SiC の絶縁耐圧は Si の約 10 倍大きいので，耐圧保持層である n^- 層の厚さが 1/10 でよい。さらに n^- 層の濃度を 100 倍程度まで高くできる。結果として，SiC パワーデバイスでは Si デバイスの数百分の一のオン抵抗を実現できる可能性がある。n^- 層を薄

[†] 4.1.1 項参照。

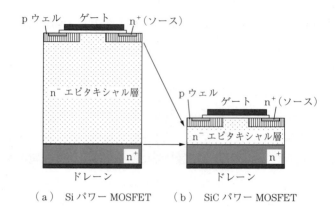

（a） Si パワー MOSFET　　（b） SiC パワー MOSFET

図 12.2 Si パワー MOSFET と比較した SiC パワー MOSFET の構造

くできる効果は，パワーデバイスのスイッチング特性の向上に大きく現れる。一方，後述のように MOS チャネルの特性には改善の余地がある。

12.1.3　バイポーラデバイス

　SiC を用いたバイポーラデバイスとして，pin 型ダイオード，バイポーラトランジスタ，GTO サイリスタおよび IGBT などが試作されている。バイポーラデバイスは大容量化が実現できる一方，前述のように伝導キャリヤの再結合に起因した特性劣化が発生する。市場投入には結晶品質およびデバイス性能の向上が必要である。

　SiC バイポーラデバイスは大電力容量システムへの適用が期待できる。しかしながらこの分野は，それほど市場が大きいわけでなく，デバイス開発が難しいわりには売上げにつながらない。例えば，直流送電や 50/60 Hz の電力変換などへの適用が考えられるが，現状では日本に数か所しか存在しない。市場の立上りの見極めが必要である。そのほかに，海外では軍需用途での適用も検討されている。

12.2　SiC パワー MOSFET の製造プロセス

12.2.1　プレーナゲート型 MOSFET

図 12.3 に，プレーナ（平面）ゲート型 SiC パワー MOSFET の製造フローを示す。基板には，昇華法で結晶育成した高濃度 n$^+$ SiC ウェーハ上に，n$^-$ 層をエピタキシャル成長したウェーハを用いる。ソースおよび p$^+$ コンタクト層はイオン注入で形成する。

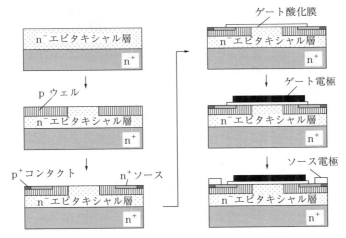

図 12.3　プレーナゲート型 SiC パワー MOSFET の製造フロー

SiC における不純物の活性化には，1 700℃以上の高温処理が必要である。高温処理による MOS 構造への悪影響を避けるため，ソースの形成，活性化後にゲートを形成している。

12.2.2　トレンチゲート型 MOSFET

図 12.4 に，トレンチゲート型 SiC パワー MOSFET の製造フローを示す。SiC 基板においてはドーパント不純物であっても拡散係数が非常に小さい[†]。

---

† 不純物の拡散係数が小さいということは，汚染に強いということである。

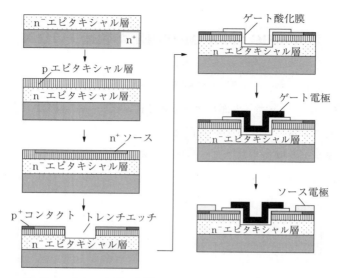

図 12.4 トレンチゲート型 SiC パワー MOSFET の製造フロー

したがって，Si のように深い p 型ウェルを熱拡散によって形成することができない。そのため，p ウェルに相当する層もエピタキシャル成長によって形成しなければならない。

それ以外の製造法は，Si のトレンチ型デバイスおよび SiC プレーナゲート型パワー MOSFET と同様である。

12.3 SiC パワーデバイスの性能

12.3.1 ハイブリッド SiC モジュール

Si-IGBT と SiC-SBD を組み合わせたハイブリッドインバータによりシステムの高効率化が可能であり，産業用途，電気鉄道用途，家電用途などへの適用が開始されている。

図 12.5 は，ハイブリッドインバータの電力損失または電力消費の評価結果である。FWD を SiC-SBD に置き換えるだけで 20 〜 40％の損失改善が可能である[1),2)]。図から明らかなように，この特性改善はスイッチング特性の改善に

12.3 SiC パワーデバイスの性能

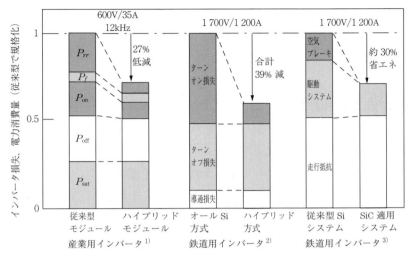

図 12.5 ハイブリッドインバータの電力損失または電力消費量の評価結果

よる。

鉄道用インバータの適用においては，モータや空気ブレーキを含めたシステムトータルでの省エネルギー効果を評価した結果が報告されている[3]。SiC-SBD を用いることにより，高調波変調によるモータ損失の低減，低インピーダンスモータによる電力回生ブレーキの拡大の効果があり，トータルで約 30％の省エネルギーが達成されている。

ただし，現状，SiC パワーデバイス単体の価格は Si パワーデバイスより高価である。したがって，SiC パワーデバイスの製品化においては，システムトータルでのメリットを引き出すことを考える必要がある。デバイスの高コスト分を十分吸収できるシステムへの適用を検討することが重要である。

SiC-SBD を用いることにより，デバイスの高速化が実現されている。一方，高速化に伴い，回路の寄生容量や寄生インダクタンスの影響が顕在化する。寄生容量と寄生インダクタンスの増大により，スイッチング動作時にリンギングが発生する。さらに，場合によってはデバイスの破壊にまで至る。できるだけリンギングを抑制するモジュール構造にする必要がある。デバイス配置を含め

た洗練された回路設計技術が要求される。あるいは SiC を適用した IPM も製品化されているので，システムエンジニアとしてはそれらを用いることも検討すべきである。

12.3.2　フル SiC モジュール

SiC を用いたスイッチングデバイスであるパワー MOSFET は，SiC として期待される特性には至っていない。それでもスイッチングデバイスと FWD をともに SiC 化したフル SiC モジュールは大幅に損失を低減できる。例えば，フル SiC モジュールを適用した太陽光発電向けのパワーコンディショナで 98.0％ の電力変換効率が達成されている[4]。

図 12.6 は，フル SiC インバータの電力損失または電力消費の評価結果である。1 200 V クラスおよび 1 700 V クラスのフル SiC インバータで，70〜80％ の損失低減が実現されている[5),6)]。フル SiC インバータにおいてもスイッチング特性の改善効果が大きい。

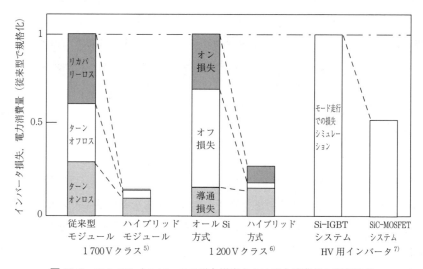

図 12.6　フル SiC インバータの電力損失または電力消費量の評価結果

12.3.3 電動輸送機器への適用

ハイブリッドカーにフル SiC インバータを適用した場合の効果が報告されている[7]。図 12.7 に，Si-MOSFET，Si-IGBT，SiC-MOSFET の低電流領域での電流-電圧特性を示す。MOSFET は IGBT と異なり，閾値電圧を持たず電圧 0 V から電流が立ち上がる。したがって，低電流領域でのオン抵抗が低い。実際の自動車の走行モードでは低電流領域での動作が多く，MOSFET の特性が生きる。ただし，自動車への適用は命に直結しており，採用までには厳しい信頼性試験が要求される。採用された場合の市場の伸びは大きいが，採用までに時間を要することを知っておく必要がある。

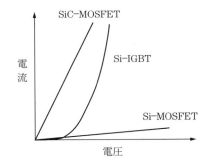

図 12.7　Si-MOSFET，Si-IGBT，SiC-MOSFET の電流-電圧特性

フル SiC 化による最大のメリットは高温動作が可能になることである。Si-IGBT と SiC-SBD を組み合わせたハイブリッドモジュールでは，Si-IGBT が高温動作には耐えられない。スイッチングデバイスと FWD を両方 SiC にすることで初めて高温動作が可能なモジュールが実現できる。

モータ直結型のフル SiC インバータが報告されている[8]。インバータの冷却機構を簡略化して小型化が可能となっている。冷却機構の簡略化とモジュールの小型化は，エンジンルームにインバータモジュールを収納する自動車でのメリットが大きい。

電気鉄道用途対応では，東京メトロに SiC ハイブリッドモジュール製品が適用されている。海外の電気鉄道でも適用の動きがあり，市場での実用実績が増加していくと予想される。

12.4 SiC パワーデバイスの課題

12.4.1 プロセスにおける課題

表 12.1 に，Si パワーデバイスと比較した SiC パワー MOSFET 製造の難しさを示す。結晶製造およびウェーハ化における難しさは 11 章で述べたとおりである。チップ製造プロセスにおいて，特に Si の場合と比較して難しいのは，エピタキシャル成長，高温のイオン注入，1 700℃以上の高温処理およびトレンチ加工などである。

表 12.1　SiC-パワー MOSFET 製造の難しさ

項目		内容
結晶/ウェーハ	製法	・結晶育成：量産性，品質向上要 ・ウェーハ加工：硬いため加工が難しい
	欠陥	・マイクロパイプ：ゼロが必須 ・転位，積層欠陥：低減要
チップ製造プロセス	エピタキシャル	・高温成長，欠陥制御
	イオン注入	・500℃程度の高温アルミ注入
	活性化熱処理	・1 700℃以上の高温処理
	トレンチ加工	・形状制御（電界集中，被覆性）
パッケージング		・ダイシング：硬いため加工が難しい ・高温動作使用（〜500℃）

SiC における p^+ 層のドーピングは，アルミニウムの高温イオン注入により行われている。SiC に限らず高濃度のイオン注入を行うと，結晶のアモルファス（非晶質）化が起こる。このアモルファス層は，その後のドーパント不純物の活性化熱処理により再結晶化される。再結晶化においては，Si などでは固相エピタキシャル成長により，もとの結晶構造に復元される。

一方 SiC では，再結晶化により，ポリタイプが発生してしまう可能性がある。そのため SiC では，イオン注入時のアモルファス化を抑える必要があり，高温イオン注入を行っている。Si のウェーハプロセスでは高温イオン注入を行うことはなく，新規のプロセス装置が必要である。

図 12.8 に，イオン注入したドーパント不純物の活性化の様子を模式的に示す。ドーパント不純物は，イオン注入を行っただけでは結晶の格子位置には入っていない。ドーパント不純物を格子位置に収めて，ドナーあるいはアクセプタとして作用させるのが**活性化熱処理**である。

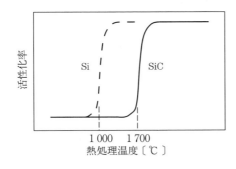

図 12.8 ドーパント不純物の活性化

ドーパント不純物を格子位置に入れるためには，一度，結晶格子を切る必要がある。そのために必要な熱エネルギーは結晶の結合が強いほど大きい。Si では 800〜1 000℃で不純物を活性化できるのに対し，SiC では 1 700℃の温度を必要とする。ゲートのトレンチ化は，パワーデバイスにおけるチップ電流密度の増加とオン抵抗低減にとって必須である。一方で，電界集中を抑えゲート酸化膜およびゲート電極の被覆性を向上させるためにトレンチ形状の制御が非常に重要である。トレンチ加工はドライエッチングで行われるが，化学的に安定な SiC のエッチングは Si よりも難しい。プレーナゲート型に比べ，トレンチゲート型の市場投入が遅れているのはそのためである。

12.4.2　ダイシングにおける課題

SiC は地球上でダイヤモンドについで 2 番目に硬い物質である。したがって，ウェーハ形状加工が難しいのみならず，ダイシング工程においても大きな課題がある。現状，SiC パワーデバイスでは Si パワーデバイス同様，ブレードダイシング†が適用されている。ブレードダイシングでは，数枚の SiC ウェー

---

†　5.2.1 項参照。

ハを処理しただけでブレードを交換しなければならない。試作段階ではよいとしても本格量産には耐えられない。

ブレードダイシングに代わる技術として，**図 12.9** に示した**レーザダイシング**が注目されている。初期投資は必要であるが，ランニングコストが下がり，ブレード交換のようなロスが削減できる。

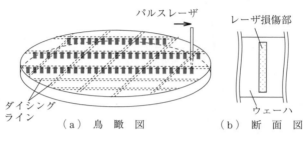

図 12.9　レーザステルスダイシング

また，ブレードによるダイシングは機械的ダメージが大きく，通常，ダイシングラインとして 100 μm 程度を必要とする。一方，レーザダイシングでは数十マイクロメートルのダイシングラインで十分である。加えて，レーザダイシングでは，10 cm/s 以上の高速ダイシングが可能である。

さらに，レーザダイシングではウェーハ内部のみにきずを形成する，**ステルスダイシング**と呼ばれるダイシングも可能である[9]。図 (b) に示したように，レーザの焦点をウェーハ深部に合わせることにより，ウェーハ内部でエネルギーを吸収させ熱衝撃によりきずを形成する。ダイシング処理後は，ウェーハ表面から見た目に変化はないが，外部から圧力を加えると簡単にチップに分割できる。

12.4.3　デバイス特性における課題

図 12.10 は，パワー MOSFET の降伏電圧とオン抵抗の関係である。図中には材料の物性値で決まるデバイスとしての限界を，Si と 4H-SiC に対して示してある。ただし，この限界はユニポーラデバイスに対するものである。同一の

12.4 SiC パワーデバイスの課題

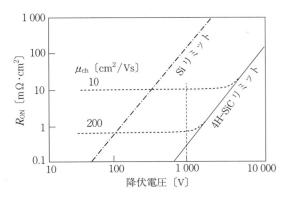

図 12.10 MOSFET のオン抵抗と降伏電圧の関係

降伏電圧を実現するためのオン抵抗が低いほど性能が良好である．図より，SiC のほうが 2 桁以上，オン抵抗を低くできる可能性があることがわかる．

それぞれの限界線において高電圧側は基板の抵抗で律速され，低電圧側は MOSFET のチャネル抵抗で律速される．その様子が MOSFET のチャネル移動度 μ_{ch} をパラメータとして図中に示してある．つまり，μ_{ch} が小さいとオン抵抗が大きな値で飽和してしまう．降伏電圧 1 000 V のデバイスを想定すると（図中の細い破線），μ_{ch} が 10 cm^2/Vs では SiC のメリットはまったく生かせないことになる．少なくとも μ_{ch} が 200 cm^2/Vs 程度でなければ，オン抵抗としては SiC のメリットがほとんど得られない．現状，SiC パワーデバイス量産品の μ_{ch} は，30 ～ 50 cm^2/Vs 程度である．この特性で実現できるオン抵抗は，バイポーラ型である Si-IGBT のオン抵抗と同程度である．

2000 年以前に試作された SiC-MOSFET の μ_{ch} は 30 cm^2/Vs 以下であった．2000 年以降，埋込みチャネル，アルミナゲート，りん拡散などが試みられ，100 ～ 200 cm^2/Vs の μ_{ch} が実現されるようになった．ただし，ゲート絶縁膜の形成法は信頼性への影響が大きいので，信頼性評価を十分に行って実用化することが重要である．

高耐圧バイポーラデバイス対応では，ドリフト層であるエピタキシャル層のキャリヤライフタイムの長寿命化が要求される．長寿命化には炭素の導入が有

効である．炭素のイオン注入や熱酸化による格子間炭素（C_i，i は interstitial の i）の放出により，エピタキシャル層中に炭素を導入して，10 μs を超えるキャリヤライフタイムが得られるようになった．

┃コーヒーブレイク┃

自 然 酸 化 膜

　自然酸化膜に対応する英語には，native oxide と natural oxide がある．どちらも自然酸化膜と訳されるが，意味が異なるので注意を要する．

　native oxide とは，物質そのものを酸化した酸化膜のことである．Si を熱酸化あるいは陽極酸化した酸化膜は，native oxide である．Si 結晶から酸化膜への原子間の結合が継承されるため未結合手による界面準位が少なく，良好な MOS 接合が形成できる．ただし，熱酸化により余剰の Si が格子間 Si として，Si 中に放出される．

　natural oxide は物質を空気にさらした場合に，自然に表面に形成される酸化膜である．したがって，natural oxide は native oxide の一種である．ただし，natural oxide が存在する状態で熱酸化により Si–MOS 接合を形成すると，MOS 界面特性が劣るので，通常は熱酸化前にフッ酸などにより natural oxide を除去する．

　SiC も熱酸化により native oxide が形成可能である．SiC の場合は，炭素は CO_2 として外気中に放出され，Si 酸化膜が形成される．しかしながら SiC の熱酸化による MOS 接合は，残留炭素の影響などで界面準位が多く存在する．そのため SiC–MOSFET の移動度が上がらず，かつ MOS 構造の信頼性が劣化する．熱酸化膜＋堆積酸化膜などの工夫が検討されているが，SiC–MOSFET 特性向上の足かせとなっている．

13 GaN パワーデバイス

　本章では，SiC について活発に開発が行われている GaN パワーデバイスについて解説する。現在，開発中の GaN パワーデバイスは横型デバイスであり，容量は小さいが高速デバイスが実現されている。

　GaN パワーデバイスの大容量化には縦型が必須であるが，そのためには GaN の自立基板が必要である。デバイス特性およびチップ製造プロセス上の課題もある。さらに，GaN パワーデバイスの性能を生かすためには高周波対応の受動部品の性能向上も必要である。GaN パワーデバイスの現状と課題について述べる。

13.1　GaN パワーデバイスの構造

13.1.1　HEMT 構造

　高周波用としてすでに実用化されている GaN デバイスの構造は，**HEMT**（high electron mobility transistor）構造である。**図 13.1** に，GaN-HEMT デバイスの構造を示す。

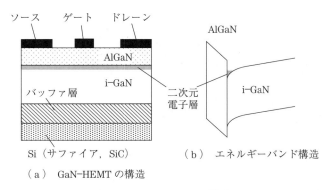

(a) GaN-HEMT の構造　　(b) エネルギーバンド構造

図 13.1　GaN-HEMT の構造

ノンドープ GaN と AlGaN のヘテロ接合をエピタキシャル成長により形成すると，接合界面に分極作用により二次元電子層が誘起される。

AlGaN 上にオーミック電極を形成すると誘起電子をキャリヤとして電流が流れる。電子は不純物散乱がなく，さらにキャリヤの二次元への閉じ込めにより，結晶格子による散乱が小さくなり，大きな移動度が実現できる。

GaN-HEMT は，単純にゲートを形成してデバイスを製造すると，ゲートゼロバイアスで電流が流れる**ノーマリィオン型**のデバイスとなる。実際に高周波デバイスはノーマリィオン型で製作されているが，パワーデバイスではノーマリィオン型は受け入れられない。

ノーマリィオン型の場合，なんらかの不具合が発生すると，電力制御ができず短絡状態となる。特に大電流が流れるパワーデバイスにおいては大事故につながる。したがって，パワーデバイスでは信頼性を考慮した場合，ゲート信号がないと電流が流れない**ノーマリィオフ型**が必須である。

13.1.2 電極構造

GaN パワーデバイスは，現状，横型デバイス[†]しか実現できていない。**図13.2** に横型デバイスの場合の電極構造の例を示す。ゲート電極，ソース電極およびドレーン電極をすべて，チップ表面に形成しなければならない。ソース電極およびドレーン電極をくし型にすることにより，大電流密度化を図っている。

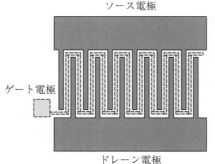

図 13.2 GaN パワーデバイスの電極構造の例

[†] GaN の自立基板を用いた縦型デバイスの試作は行われている。

しかしながら電流を縦方向に流し，上下に電極を形成する Si や SiC パワーデバイスと比べて，横型デバイスでは電流取出し用電極に余分な面積を必要とするため，大容量化が難しい。大電流化には縦型デバイスが必須であるが，そのためには GaN の自立基板が必要である。

13.1.3　集　積　化

すべての端子がチップ表面に存在することを生かして，デバイスの集積化（IC 化）が検討されている[1]。**図 13.3** に，1 チップインバータ化の例を示す。図では 6 個のスイッチングデバイス†を集積化している。デバイス間の分離に鉄（Fe）イオンの注入を行っている。Si を用いた従来インバータと比較して，42％の損失低減が実現されている。

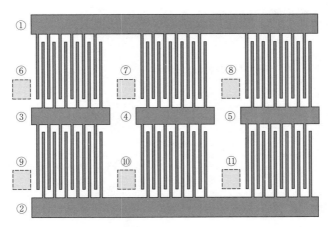

図 13.3　GaN-HEMT の 1 チップインバータ化
（図中の番号は図 5.3 の番号に対応）

さらに将来的には，Si ウェーハ上に GaN を積層してデバイスを形成していることを生かして，Si デバイスを含めた集積化も考えられる。ハードルの高い技術ではあるが，実現するとドライバ回路を含めた 1 チップ化が可能となる。

---

†　ノーマリィオフ型 GIT（gate injection transistor）を採用している。

13.2 ノーマリィオフ化

13.2.1 カスコード接続

前述のようにパワーデバイスにおいては,ノーマリィオフ化が必須である。

GaN-HEMT はノーマリィオンのまま,回路的な工夫により,外部からの見かけ上,ノーマリィオフにすることが可能である。

図 13.4 は,**カスコード接続**によるノーマリィオフ化の例である。外部から見たゲートは,ノーマリィオフの Si-MOSFET のゲートに接続されている。したがって,外部から見るとノーマリィオフである。ソース-ドレーン間の耐圧は GaN-HEMT の耐圧となる。Si-MOSFET には耐圧が要求されないため,大きな周波数特性の劣化にはならない。

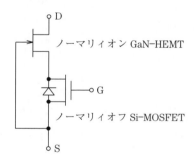

図 13.4　カスコード接続

しかしながら,カスコード接続によるノーマリィオフ化は,GaN の性能を最大限には引き出せない。さらに部品点数が増え,それに伴い不良発生確率が増加するなどの問題があり,GaN-HEMT チップでのノーマリィオフ化が望まれる。これは,あくまでつなぎの技術である。特に信頼性を重要視するメーカーには受け入れにくい方式である。

13.2.2 ノーマリィオフ構造

図 13.5 に,チップでのノーマリィオフ構造の例を示す。図(a)は AlGaN

13.2 ノーマリィオフ化

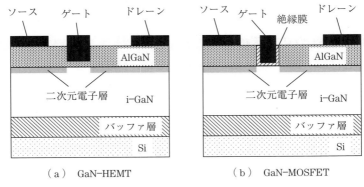

(a) GaN-HEMT　　　　(b) GaN-MOSFET

図13.5　ノーマリィオフ構造

層にトレンチゲートを形成し，GaN/AlGaN界面の二次元電子層を制御する構造である．ゲート電極を二次元電子層に近づけることにより，ノーマリィオフ化できる．

図(b)は，GaNのMOS構造でノーマリィオフ型を実現しようとするものである．この場合，二次元電子層の移動度が落ちるという問題がある．特性改善にはMOS界面準位の低減が鍵となる．

そのほかに，ゲート電極下にプラズマ処理でフッ素イオン（F^-）を導入する方法や，キャップ層と呼ばれるp型GaN層を挿入する方法が検討されている．

13.2.3　ノーマリィオフ構造の課題

パワーデバイスにおける特性上の最大の課題は，ノーマリィオフ化である．前述のように，さまざまなチップ構造が提案されており，課題となるのはプロセスの安定性（量産性）である．図13.5のAlGaNをエッチングする方法では，いかに面内均一性を向上させるかが重要である．一般的なドライエッチングに用いるエッチングストッパー層は形成できない．このため，プロセス中に残膜厚を測定しながらエッチングする装置が開発されている．

13.3 GaN パワーデバイスの性能

13.3.1 高周波パワーデバイス

GaN-HEMT の二次元電子層の移動度として，1 000 〜 2 500 cm^2/Vs が得られる。Si のチャネル移動度が数百 cm^2/Vs 程度であり，SiC では現状 30 〜 50 cm^2/Vs であるのに比べると格段に大きな値である。これによりデバイスの高速駆動が可能となり，動作周波数を上げることができる。

受動デバイスであるコイル（インダクタンス L）およびコンデンサ（静電容量 C）のリアクタンス値は，角周波数 ω の正弦波交流に対しては，それぞれ ωL および $-1/\omega C$ となる。したがって周波数を大きくすることと，デバイスそのものを大きくすることは等価である。逆にいうと，同じリアクタンス値を実現しようとすると，周波数を上げて受動デバイスを小さくすることができる。したがって動作周波数を上げることにより，システム全体の大きさ，重量を大幅に低減できる。

13.3.2 各種電源への適用

GaN-HEMT は，サーバー用電源などへの適用が検討されている。Si 製デバイスを GaN-HEMT に変更し，動作周波数を 3 倍にすることにより，導通損失を 1/5 に，スイッチング損失を 1/100 に，周辺部材での損失を 1/2 にでき，電源装置として電力損失を 1/3 にできると試算されている。さらに，高周波動作による受動デバイスの小型化で，パソコンや携帯電話のアダプターを小型化できる。

13.4 GaN パワーデバイスの課題

13.4.1 デバイス特性における課題

デバイス特性的には，**電流コラプス**と呼ばれる不具合がある。電流コラプス

とは，オン状態通電中に電流が継時的に減少する現象である．ゲート近傍でのキャリヤのトラップによると考えられており，ゲート電極下の電界の緩和構造での対策がなされている．

図13.6に，GaN-HEMTにおける電流コラプス低減構造の例を示す．図（a）のフィールドプレート構造では，ゲートのドレーン側への張出しで電界を緩和させている．図（b）では，ドレーン側にi-GaN層とp-GaN層を形成している．この構造ではi-GaN層に二次元正孔層が発生する．これによりチャネル全体が空乏化し，電界が緩和される．

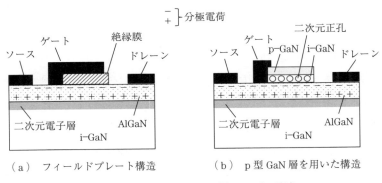

(a) フィールドプレート構造　　(b) p型GaN層を用いた構造

図13.6　GaNデバイスの電流コラプス低減

13.4.2　高耐圧化

GaNパワーデバイスの高耐圧化には工夫が必要である．図13.6（b）の構造は，高耐圧化にも有効である．

図13.7にそのほかの高耐圧化構造を示す．図（a）ではSi基板/バッファ層界面のSi表面にp型層を形成することで，反転層のキャリヤを閉じ込めている．この効果により，Si基板の耐圧をチップの耐圧に寄与させることができる．この構造で耐圧3 000 Vが実現されている．

図（b）ではGaNに炭素（C）のドーピングを行うことにより，バッファ層の高抵抗化を図っている．この構造で，耐圧1 700 Vが実現されている．

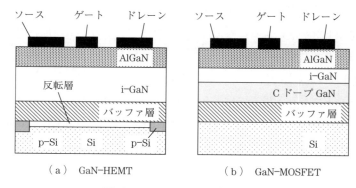

図 13.7　GaN-HEMT の高耐圧化

13.4.3　高周波動作

高周波動作を実現するためには，コイルやコンデンサなどの受動部品の高周波化も必要である。特にコイル（インダクタ）の高周波動作化には技術開発が要求される。

図 13.8 にコイルに用いられる鉄心（磁性体）の**磁化特性**を示す。コイルに高周波電流を流すと電流の流れる方向の変化により，鉄心内の磁界が反転する。磁界の強さと磁化の大きさ（磁石の強さ）の関係を表したものが，磁性体の磁化特性である。

一般に，磁化特性は**ヒステリシスループ**（hysteresis loop）を描く。1 回の磁化の反転により，このヒステリシスループの面積分のエネルギーを損失する[†]。したがって動作周波数が高くなると，周波数に比例して損失が増加する。高周波用コイルの鉄心に対しては，できる限りヒステリシスの小さい磁性体材料を開発する必要がある。

鉄心の損失には**渦電流損**もあり，周波数の 2 乗に比例して増加する。積層構造による対策がとられているが，さらなる高周波化への対応が必要となる。

---

† ヒステリシス損と呼ばれる。

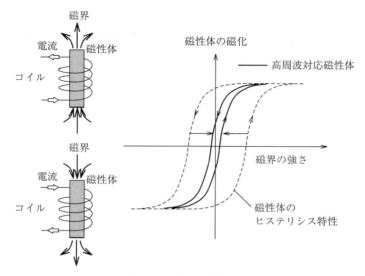

図 13.8 磁性体の磁化特性

13.4.4 大容量化

パワーデバイスの大容量化のためには縦型デバイスの実現が必須である．縦型デバイスを実現するためには GaN の自立基板が必要である．ただし，11.2 節で述べたとおり，GaN の自立基板製造には課題が多く，実用化までには時間がかかる．

縦型デバイスにした場合，貫通転位の影響が顕在化する可能性がある．横型デバイスでは，貫通転位が存在した場合，貫通転位に垂直に電流が流れる．一方，縦型デバイスでは貫通転位に沿って電流が流れるため，リーク電流が増大する可能性がある．その場合は，GaN on GaN 結晶においてもさらなる低欠陥密度化が要求される可能性が高い．

14 そのほかのワイドギャップ半導体パワーデバイス

　本章では，SiC および GaN パワーデバイス以外で注目されているワイドギャップ半導体パワーデバイスとして，酸化ガリウム（Ga_2O_3）およびダイヤモンドを用いたパワーデバイスに関して解説する。これらは，実用化には時間を要すると予想されるが，それぞれに SiC および GaN パワーデバイスとは異なる魅力があり，期待されている。

14.1　Ga_2O_3 パワーデバイス

14.1.1　Ga_2O_3 パワーデバイスの魅力

　酸化ガリウム（Ga_2O_3）の最大の魅力は，Si と同様，融液法による結晶育成が可能なところである。SiC や GaN の最大の欠点が結晶育成にあり，量産化の大きな妨げになっている。それに対し融液法が可能な Ga_2O_3 は，大口径化と結晶品質の向上に大きな期待が持てる。現状，FZ 法や EFG 法で製造された

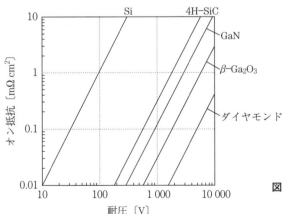

図 14.1　ワイドギャップ半導体のオン抵抗

結晶を用いたデバイス評価が行われている。

Ga_2O_3 のバンドギャップは，SiC や GaN 以上に大きい。それを反映して，パワーデバイスとして高いポテンシャルを有している[†]。

図 14.1 は，Si とワイドギャップ半導体におけるオン抵抗と耐圧の試算結果である。計算上は，同じ耐圧のデバイスを作製した場合，Si よりも 3 桁，SiC よりも 1 桁低いオン抵抗が期待できる。

デバイス化の検討として，ショットキー障壁型ダイオードと HEMT が試作されている。**図 14.2** にそれぞれのデバイス構造を模式的に示す。試作された Ga_2O_3-ショットキー障壁型ダイオードの特性としては，理想因子 n 値が 1.05 程度，逆方向耐圧が 150 V 程度が達成できている。

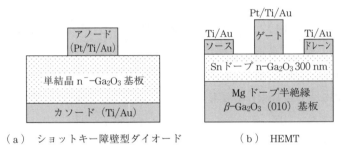

（a）ショットキー障壁型ダイオード　　（b）HEMT

図 14.2 試作されている Ga_2O_3 デバイスの構造

試作された Ga_2O_3-HEMT は横型でノーマリィオン型ではあるが，トランジスタ特性は得られている。ドレーン電流のオン/オフ比は，10 000 程度と良好であり，半導体材料としてのポテンシャルの高さを物語っている。

Ga_2O_3 はパワーデバイス以外のデバイス対応の検討がなされており，より市場投入が早いと考えられる。GaN 系 LED 用として，サファイア基板の置換えが検討されている。サファイアは絶縁体であり，サファイア基板を用いた LED は横型となる。Ga_2O_3 を用いることにより縦型が可能となり，素子抵抗を低減できる。さらに熱抵抗も低く，Ga_2O_3 を用いた GaN 系 LED で市販の青色

[†] 2.2.3 項参照。

LEDの5倍の光出力が実現できている。

14.1.2 Ga₂O₃ パワーデバイスの課題

現状，Ga₂O₃ では p 型のドーピングができていない。酸素の欠損が起こりやすく，それがドナーとなることが妨げとなっている。結晶欠陥の低減も今後の課題である。これまでに得られている半導体結晶育成のノウハウを取り入れていくことにより，結晶品質が向上していくと考えられる。

デバイスとしては試作が始まったところであり，今後改善すべき課題が多い。デバイスに関しても，これまでに得られている半導体デバイスのノウハウを取り入れていくことにより，特性が向上していくと考えられる。

14.2 ダイヤモンドパワーデバイス

14.2.1 ダイヤモンドパワーデバイスの魅力

ダイヤモンドは Ga₂O₃ よりもさらにバンドギャップが大きく，パワーデバイスとしてさらに高いポテンシャルを有している。デバイスとしては，400～500℃で動作するショットキー障壁型ダイオードが試作されている[1]。その構造を図 14.3 に示す。10 桁程度のオン/オフ比が得られている。熱伝導度が大きいのも発熱を伴うパワーデバイスにとって有利である。

図 14.3　高温動作ダイヤモンドショットキー障壁型ダイオード

ダイヤモンドを用いたパワースイッチングデバイスも検討されている。ショットキーゲートを用いた **MESFET**（<u>m</u>etal <u>s</u>emiconductor <u>FET</u>）が試作されており，トランジスタ動作が得られている。

14.2.2 ダイヤモンドの特異な物性

ダイヤモンドは，ほかのワイドギャップ半導体にはない特異な物性を有する。p型，n型ともに 10^{20} cm^{-3} を超える不純物ドーピングが可能であり，抵抗率が単調に減少する。高濃度ドーピング領域での電気伝導は，キャリヤが不純物準位間をジャンプするホッピング伝導である。

電気陰性度が水素よりも大きな値を持つため，水素終端のダイヤモンドは，真空準位が伝導帯の底よりも低い負性電気親和力を有する。そのため，伝導帯に励起された電子が自然に外部に放出される。この現象を利用した電子エミッタデバイスが試作されている[2]。その構造を**図 14.4** に示す。数千ボルトの耐圧を有する高耐圧電子スイッチとして期待される。

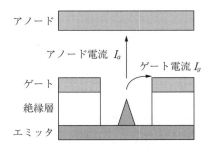

図 14.4 ダイヤモンド電子エミッタデバイス

比誘電率がほかの半導体の半分程度であることに関連して，室温でも安定な高密度励起子状態を作り出せる。この励起子状態を利用して，ダイヤモンドの励起子エネルギーに対応する 235 nm の深紫外線を出力する LED が作製可能である。従来の LED とは発光原理が異なるため，間接遷移であることが不利にはならない。

14.2.3 ダイヤモンドパワーデバイスの課題

ダイヤモンドはドーパントのエネルギー準位が深い。そのため，室温では十分なキャリヤの発生が起こらない。現状のデバイスでは高温で動作させる必要がある。高温動作を想定した場合，SiC の場合と同様，パッケージ開発が重要である。

結晶育成にも課題が多い。早期に大口径ウェーハが実現できる可能性は小さいので，当面はパワーデバイス以外のデバイスで実績を積むのがよいと考えられる。なお，欠陥の低減には SiC と同様，オフ基板の使用が有効である。

コーヒーブレイク

酸化物の呼称

一般に酸化物は一酸化炭素（CO）や二酸化炭素（CO_2）のように，「〇〇酸化××」と呼ばれる。安定な酸化物が1種類のときは〇〇が省略されることが多い。ワイドギャップ半導体の Ga_2O_3 は，酸化ガリウムで通用する。

酸化物のなかには，別の呼称で呼ばれるものがある。**表**はそれらをまとめたものである。酸化ガリウムはガリアとも呼ばれる。酸化アルミニウムがアルミナと呼ばれていることはよく知られている。技術者どうしの打合せなどでは，呼称が使用される場合もあり，知っておかないと話についていけなくなることがあるので注意する必要がある。

そのほかに半導体業界で使われる呼称を表中の網掛けで示した。研磨剤に用いられるシリカ（SiO_2）やセリア（CeO_2），強誘電体膜に用いられるハフニア（HfO_2），透明導電膜に用いられるインジア（In_2O_3）などがある。

表 酸化物の呼称

元素	酸化物	呼称
H	H_2O	氷(固体)，水(液体)，水蒸気(気体)
Be	BeO	ベリリア
C	CO_2	ドライアイス(固体)，炭酸ガス(気体)
N	NO_x	ノックス(気体)
Mg	MgO	マグネシア
Al	Al_2O_3	アルミナ
Si	SiO_2	シリカ
Sc	Sc_2O_3	スカンジア
Ti	TiO_2	チタニア
Ga	Ga_2O_3	ガリア
Y	Y_2O_3	イットリア
Zr	ZrO_2	ジルコニア
In	In_2O_3	インジア
Ce	CeO_2	セリア
Hf	HfO_2	ハフニア

15 ワイドギャップ半導体パワーモジュール

　ワイドギャップ半導体パワーデバイスの特徴の一つは，高温動作が可能なことである。Si が 200℃ を超えるとデバイスとして動作が難しいのに対して，SiC や GaN は 500℃ 以上でも半導体として動作可能である。当然のこととして，Si を想定した従来のモジュールは，200℃ 以上に耐えることは考えに入れていない。したがって，現状のモジュールでは，200℃ 以上になった場合には，いたるところで破たんをきたす。本章では，ワイドギャップ半導体の特徴を引き出すためのモジュールの高温化技術を中心に解説する。

15.1　パワーモジュールの信頼性

15.1.1　半導体デバイスの信頼性

　一般に，半導体デバイスにおける故障率と使用時間の関係は，**図 15.1** ようなバスタブ型の曲線になる。**初期故障**は，プロセス中の欠陥などの影響が初期に現れたものである。この不良を取り除くための**スクリーニング**が行われる場合がある。

　偶発故障は，長時間にわたる故障率の安定した期間にランダムに現れる。高信頼性の観点からは偶発故障をいかに少なくするかが重要である。

　摩耗故障はデバイスの寿命による故障であり，**真性故障**とも呼ばれる。半導

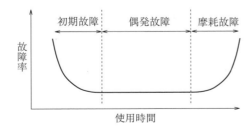

図 15.1　半導体デバイスの信頼性

体デバイスでは10年以上，場合によっては20年程度の寿命が要求される。

通常，**故障率**の単位には**FIT**（failure unit）＝10^{-9}/時間が，用いられる。通常，偶発故障で10～100 FITが要求されるが，自動車用途などの人命にかかわるようなデバイスではさらに低い値が要求される。

15.1.2　パワーモジュールの信頼性試験

パワーモジュールにおける信頼性に関しては，温度変化によるモジュール各部の膨張・収縮に対する信頼性向上が重要である。例えば電気鉄道用のパワーデバイスは極寒の地でも使用され，－50℃程度の過酷な条件で使用される可能性がある。したがって現状でも，パワーデバイスは用途によって－50～150℃の変化に耐える必要がある。常時，最低使用温度から最高使用温度の変化を受けるわけではないので，100℃前後の温度差（ΔT）で100～1 000サイクルの評価が行われている。さらに将来的には，300℃以上の温度差を想定したモジュールの開発が要求される。

図15.2は，パワーモジュールの動作中の温度変化を示したものである。T_cはケース温度であり，ベース板の底の温度である。また，動作中のアルミニウムワイヤとパワーチップとの接合部の温度がT_jである[†]。T_cの変化ΔT_cおよびT_jの変化ΔT_jが，信頼性試験における重要指標である。

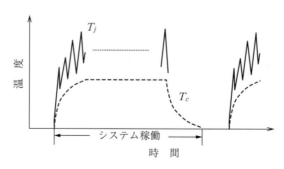

図15.2　パワーモジュールの温度変化

---

†　図5.9参照。

システムの起動および停止に伴い，T_c がゆるやかに変化する。この変化をサーマルサイクルと呼ぶ。一方，デバイスのオン/オフに伴い，T_j が短時間で変化する。この変化をパワーサイクルと呼ぶ。

図 15.3 は，ΔT_c および ΔT_j と破壊に至るまでのサイクル数の関係である。T_c および T_j の変化が大きいほど早く破壊に至る。ある程度作り込まれたパワーモジュールでは，一般にパワーサイクルのほうが寿命が短い。この評価からパワーデバイスの寿命が評価できる。

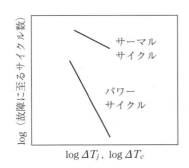

図 15.3　パワーモジュールの ΔT_j，ΔT_c とサイクル数の関係

15.1.3　サーマルサイクル試験

サーマルサイクル試験では T_c が変化する。そのため，絶縁基板とベース板の間に温度変化によるストレスが大きくかかる。したがって，サーマルサイク

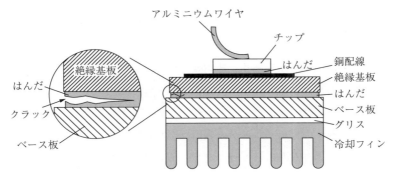

図 15.4　サーマルサイクル試験の破壊箇所

ル試験におけるおもな破壊箇所は，**図 15.4** に示す絶縁基板とベース板の間のはんだ接合部である[1]。

15.1.4 パワーサイクル試験

パワーサイクル試験では T_j が変化する。そのため，アルミニウムワイヤと半導体チップの接合部に温度変化によるストレスが大きくかかる。したがって，パワーサイクル試験におけるおもな破壊箇所は，**図 15.5** に示すチップとアルミニウムワイヤの接合部である[2]。

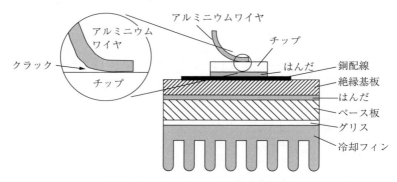

図 15.5　パワーサイクル試験の破壊箇所

15.1.5 はんだボイドの影響

パワーデバイスの不良要因の一つに裏面ダイボンド部の**ボイド**がある。**図 15.6** に示すように，はんだ濡れ性が悪い場合，はんだ中にボイドが発生する。ボイド中は空気が存在しており，熱伝導を阻害するため，チップの温度上昇を引き起こし，不良となる。

通常，裏面電極は，はんだとの合金化のためニッケルで形成されるが，ニッケルは酸化しやすいため，ニッケル表面は金などで保護する必要がある。そこになんらかの不具合があると，はんだ濡れ性が低下する。

ボイドはＸ線や超音波を用いて評価可能である。ただし，全数検査は難し

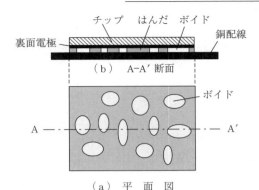

図 15.6 はんだボイドの模式図

(b) A-A′ 断面

(a) 平面図

く，モジュール開発時や抜き取りでの検査となる。X線を用いることにより，ダイボンド工程での *in situ* での評価が可能となっている。

15.2 次世代パワーデバイス対応モジュール

15.2.1 高性能化における律速要因

図 15.7 に，耐熱性の律速要因を概念的に示す。桶に水をためる場合をイメージするとわかりやすい。個々の要素の性能を桶板の高さで表しており，桶にためることのできる水の量が耐熱性能を表していると考える。

一つの要素の性能がいかに向上してもトータルの性能は最も性能の劣る要素

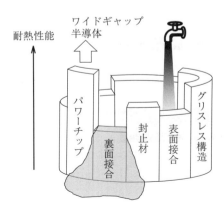

図 15.7 耐熱性の律速要因の概念図

で律速してしまう。パワーデバイスの高温動作化において，裏面接合技術，チップの封止技術，大電流の取出しなどにブレイクスルーとなる技術の開発が必要である。

15.2.2 高電流密度化

通常，パワーチップ表面には複数本のアルミニウムワイヤがボンディングされる。もし，ボンディング部につぎのワイヤが重なってボンディングされると不良になる。したがって，ワイヤ間隔に余裕を持たせてボンディングする必要がある。アルミニウムのワイヤボンドでは，高電流密度化に対し，すでに限界が見えている。そのため，アルミニウムのリボンボンド，銅ワイヤなどが検討されている。

図 15.8 に，電流取出しにワイヤを用いない**脱ワイヤボンド構造**を模式的に示す。ゲートおよびエミッタ電極以外をパッシベーション膜で覆い，ゲートお

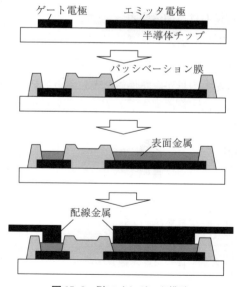

図 15.8 脱ワイヤボンド構造

15.2 次世代パワーデバイス対応モジュール

よびエミッタ電極上に表面金属を成膜する。その後，表面金属上に配線金属を接続する。配線金属をエミッタ電極全面に接続することにより，大電流密度化が可能となる。全面で接続することにより，パワーサイクル寿命が向上する効果もある。

配線金属をどのように接続するかによって表面金属が選定される。表面金属をめっきで形成することが検討されている[3]。大電流取出し技術に関しても将来的には高温化が要求される。したがって，はんだを用いない接合技術の開発が必要である。

15.2.3 寄生インダクタンスの低減

大電流の交流通電を行うと配線金属の周囲に磁界が発生し，他の配線金属間に**寄生インダクタンス**が発生する。**図 15.9** に，その対策例を模式的に示す。近接した配線金属に逆方向電流が流れるように設計すると，磁界が打ち消し合い，寄生インダクタンスを低減することができる。

このような構造は従来から行われてきているが，高速動作が想定されるワイドギャップ半導体を用いたパワーデバイスでは，ますます重要になる。

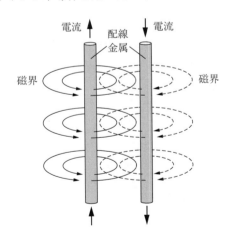

図 15.9 寄生インダクタンス低減技術

15.2.4 裏面接合

動作温度が200〜250℃を超えると，融点の低いはんだでは裏面の接合ができなくなる．**図15.10**は各種はんだ材料の融点である．はんだの鉛（Pb）フリー化が進み，はんだの融点は上がっている．また，いくつかの高温はんだ材料も検討されている．しかしながら，ワイドギャップ半導体の特徴を生かすためには，将来的には300℃程度以上に耐える接合が必要であり，はんだでは対応できない．

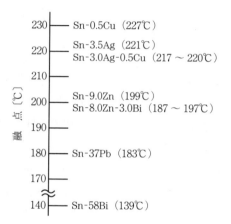

図15.10 はんだ合金の融点

はんだダイボンドに代わる技術として，金属ナノ粒子を用いた接合形成技術が検討されている．**図15.11**に銀の場合に示すように，金属をナノサイズにすると表面積が増加し，見かけ上，融点が低下する．ただし，金属を粒子状に

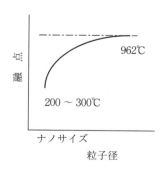

図15.11 ナノ粒子化の効果

すると凝集してしまうという問題がある。したがって，この自己凝集を防止するため，金属ナノ粒子の表面には樹脂などの自己凝集防止層をコーティングしている。

図 15.12 に，金属ナノ粒子を用いた裏面接合形成技術を模式的に示す。自己凝集防止層を形成した粒子を銅板にコーティングしチップを搭載する。コーティングはスクリーン印刷または回転塗布で行う。この状態で 250〜300℃ に加熱すると，自己凝集防止膜およびコーティング剤が蒸発し金属のみが残る。そして，金属どうし，および接触している金属が強力に接合する。

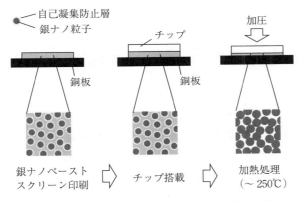

図 15.12 金属ナノ粒子を用いた裏面接合形成技術

いったん接合が形成されると，この接合は 500℃ 以上に温度を上げても問題なく接合状態を維持する。したがって，はんだを用いた接合と比較してはるかに高温で安定した接合が形成できる。次世代の接合技術としておおいに期待できる技術である。従来から銀ナノ粒子が広く検討されてきたが，コストの問題があり，銅やニッケルなどの他の金属ナノ粒子が検討され始めている。

15.2.5 グリスレス化

銅ベース板とフィンの密着性を上げるため，従来からグリスが用いられている。グリスは最も高温化に弱い材料である。そのため，グリスレス化が検討さ

れている。

グリスレス化構造としてフィン一体型のベース板が検討されている。**図 15.13** に，フィン一体型モジュールの構造を模式的に示す。各社でフィンの取り付け方を精力的に検討しているところである。

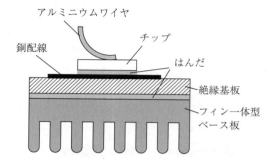

図 15.13 フィン一体型（グリスレス）構造

15.2.6 封止材料

高温で使用するほど温度変化に対する信頼性の確保が難しくなる。そのため，周辺材料の熱膨張係数がますます重要になる。**図 15.14** に示すように，これまでの封止材では加工性と耐熱性がトレードオフの関係にあり，それらを

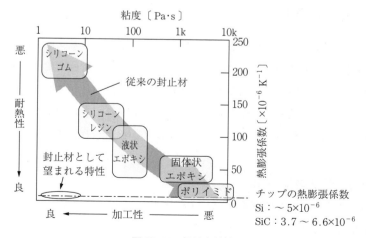

図 15.14 新封止材料

15.2 次世代パワーデバイス対応モジュール

両立させることが難しかった。

図では，加工性は材料の粘度を規準にしている。粘度が低いほど加工性が高い。耐熱性は熱膨張係数を規準にしている。チップの熱膨張係数に近いということは，チップの伸び縮みに従って同じように伸び縮みするということであり，耐熱性が高くなる。Si の熱膨張係数は $\sim 5 \times 10^{-6}$ K^{-1} であり，SiC の熱膨張係数は $3.7 \sim 6.6 \times 10^{-6}$ K^{-1} である。

シリコーンゴムやレジンは加工性は良好であるが耐熱性が低い。一方，ポリイミドや固体状のエポキシは耐熱性は高いが流動性がなく，加工性が劣る。それに対し，加工性と耐熱性の両方を併せ持った新材料が開発されている[4]。今後の評価が楽しみである。

16 ワイドギャップ半導体パワーデバイスの量産に向けて

　Si 半導体デバイスは，何十年間にもわたって進化を続けている．そして，Si 集積回路は高度エレクトロニクス化社会を，そして Si パワーデバイスおよび Si 太陽電池は低炭素化社会を根底から支えている．一方，ワイドギャップ半導体パワーデバイスは，ようやく少量量産が始まったところである．

　本章では，ワイドギャップ半導体パワーデバイスの本格量産に向けて，長い歴史を持つ Si デバイスから学ぶべきことを述べる．そして，最後に量産化の律速要因を分析する．

16.1　Si 集積回路から学ぶこと

16.1.1　Si vs GaAs

　1980 年代中頃，GaAs を用いたデバイスが開発され，その性能の高さから，数年後には Si 集積回路がすべて置き換えられると，まことしやかにいわれた．しかしながら，GaAs は Si の量産技術に太刀打ちできなかった．いまだに GaAs デバイスは一部のニッチな領域で使われているだけである．半導体デバイスにとって最も重要なのは，性能ではないことを如実に示している．

　筆者は，1984 年まで学生として化合物半導体の研究を行っており，「いまに GaAs の時代がくる」と聞かされながら教育を受けたが，ついにそのような時代はこなかった．

16.1.2　値段が最優先

　高性能デバイスが必ずしも売れるわけではない．筆者は長年，半導体デバイスの開発および量産に携わった経験から，デバイスの量産にとって大事なのは，「1 にコスト，2 に信頼性，3，4 がなくて，5 に性能」であると考えてい

る。つまり，半導体デバイスにとっては性能以上にいかに安く大量に作れるかが重要なのである。

現状のワイドギャップ半導体パワーデバイスは，まさに性能はSiを凌駕しているが，量産性ではSiの足元にも及ばない。このままでは，いつまでたってもニッチの域を出ることはない。SiCが第2のGaAsにならないことを切に願う。ちなみにSiデバイスにおける量産とは，1工場で10 000枚/月程度の投入が継続することである。

16.1.3　ロードマップの策定

Si集積回路は，つねにロードマップを策定し，それを何年かごとに見直すという歴史の上に発展してきた。したがって，いつ何を実現すればよいかという目標がはっきりした開発ができた。必ずしもロードマップどおりに開発が進んだわけではないが，ゴールが見えているということで技術者は安心して開発を行うことができる。

これまで，パワーデバイスには実用的なロードマップが存在しなかった。デバイスメーカー各社がシステムメーカーとの間で仕様の合意ができていればよかった。しかしながら次世代パワーデバイスの開発はそう簡単にはいかない。なぜなら，デバイスメーカーだけではデバイス開発ができない状況になってきているからである。特に高温動作対応のモジュールには，新規材料を中心としたさまざまな分野の技術を取り込まなくてはならない。そのためにはデバイスメーカーがいつどのようなものが必要なのかを明確にすることが重要である。その要求がメーカーごとにばらばらでは，対応するメーカーの負担が増大する。共通の要求が出せてこそ，早期の技術開発が可能となる。

16.1.4　日の丸半導体の凋落

図16.1にSi集積回路の世界シェアとメーカー再編の動きを示す。1980年代中頃，世界シェア10位内を日本のSi集積回路メーカー5社が占めていた。なかでも，NECは当時，世界第1位の半導体メーカーであった。その頃，韓

国そして台湾のメーカーは，ひたすら日本から技術を盗み取ろうとしていた．天狗になっていた日本のメーカーは，それらの海外メーカーに惜しげもなく技術を提供していた．

その頃の日本の半導体メーカーは，各社ともデバイス製造装置も開発していた．デバイス製造装置はノウハウのかたまりである．その技術も日本の半導体メーカーは出してしまった．そのため，製造装置さえ購入すれば，だれでもSi集積回路の製造が可能になってしまった．それからは，投資力と決断の速さが決定的に物を言うようになってしまった．そして，決断の遅い日本メーカーはすべて脱落していった．

1987年			2009年			2013年		
	企業名	国名		企業名	国名		企業名	国名
1	NEC	日本	1	インテル	米国	1	インテル	米国
2	東芝	日本	2	三星電子	韓国	2	三星電子	韓国
3	日立	日本	3	東芝	日本	3	クアルコム	米国
4	モトローラ	米国	4	テキサス・インスツルメンツ	米国	4	マイクロンテクノロジー	米国
5	テキサス・インスツルメンツ	米国	5	STマイクロエレクトロニクス	欧州	5	ハイニックス	韓国
6	富士通	日本	6	クアルコム	米国	6	東芝	日本
7	フィリップス	オランダ	7	ハイニックス	韓国	7	テキサス・インスツルメンツ	米国
8	ナショナルセミコンダクター	米国	8	ルネサステクノロジ	日本	8	ブロードコム	米国
9	三菱電機	日本	9	AMD	米国	9	STマイクロエレクトロニクス	欧州
10	インテル	米国	10	ソニー	日本	10	ルネサス エレクトロニクス	日本
11	松下電器	日本	11	NEC	日本	11	インフィニオン	ドイツ
12	AMD	米国	12	インフィニオン	ドイツ	12	AMD	米国
13	三洋電機	日本	13	ブロードコム	米国	13	NXP	オランダ
14	STマイクロエレクトロニクス	欧州	14	マイクロンテクノロジー	米国	14	メディアテック	台湾
15	AT&T	米国	15	メディアテック	台湾	15	ソニー	日本
16	シーメンス	ドイツ	16	エルピーダメモリ	日本	16	フリースケール	米国
17	沖電気	日本	17	フリースケール	米国	17	NVIDIA	米国
18	シャープ	日本	18	パナソニック	日本	18	マーベル	米国
19	ソニー	日本	19	NXP	オランダ	19	オン・セミコンダクター	米国
20	GE	米国	20	シャープ	日本	20	アナログデバイス	米国

図 16.1　Si 集積回路の世界シェアとメーカー再編[†]

[†] ルネサステクノロジは日立と三菱電機が合併，エルピーダメモリは NEC と日立が合併，ルネサスエレクトロニクスはルネサステクノロジと NEC がそれぞれ合併した会社．

16.1.5 品質至上主義

日本のデバイスメーカーは，品質至上主義に走ったところにも問題がある。品質を最重要視するとオーバースペックに陥ってしまう。顕著な例がDRAMの信頼性である。最上級のDRAMは，大型コンピュータなどに使われるが，そこには最上級の信頼性が要求される。最低でも10年間の寿命が要求される。

一方でパソコンには大量のDRAMが使用されるが，日本のデバイスメーカーはDRAM向けにまで最上級の信頼性を求めた。3〜5年で買い替えるパソコンに10年の寿命を持つDRAMを供給することは愚の骨頂である。パソコン用に安くて信頼性の低いDRAMを供給した東南アジアのメーカーに取って替わられたのは至極当然である。

16.1.6 共同プロジェクト

過去日本は，半導体産業を構築，死守するため，主要メーカーが技術者を派遣していくつもの共同プロジェクトを立ち上げた。**表16.1**にそのおもな共同プロジェクトを示す。しかしながら，それらのほとんどは大きな成果にはつながらなかった。

表16.1 Si集積回路関連の共同プロジェクト

プロジェクト	期間〔年度〕	備　　考
超LSI技術研究開発組合	1976〜1979	半導体産業の競争力強化
HALCAプロジェクト	2001〜2003	デバイス製造技術の強化
半導体MIRAIプロジェクト	2001〜2006	
ASUKAプロジェクトⅠ	2001〜2005	SoC開発技術の強化
ASUKAプロジェクトⅡ	2006〜2011	

共同プロジェクトのうち唯一，超LSI技術研究開発組合は，日本が遅れをとっていた半導体産業の立上りに大きく貢献した。日本がある程度の地位を築いてからも多くのプロジェクトが発足したが，ついに日本の地位回復には至らなかった。それぞれのメーカーが独自の技術力をつけてからは，それをおおやけにすることは難しくなるのは当然である。多くのプロジェクトでは，民間で

の量産経験がないようなリーダーが指揮をとるため，そのような感覚がないのであろう。

SiC にも多額な国家予算が投入されている。これまでのデバイス試作段階では大きな効果があったが，各社で試作量産が始まったいまは，テーマをよく考えないとプロジェクトが空回りすることになる。

16.2 Si パワーデバイスから学ぶこと

16.2.1 日本のメーカーが強い理由

パワーデバイス産業は日本のメーカーが強い，数少ない産業である。2013年における IGBT の世界シェア 1 位は，三菱電機である。富士電機，東芝，日立製作所なども高い技術力を有している。このように日本が強い理由はいくつか考えられる。第一に，パワーデバイスの特殊性が挙げられる。パワーデバイスと集積回路の大きな違いは，カスタム製品か汎用品かである。多くがカスタム製品であるパワーデバイスは，製品化当初からシステムメーカーと綿密に情報交換してその要求に応えてきた。このようにして培ってきた信頼関係は，単に儲かりそうだからと参入してきたメーカーが簡単に築けるものではない。

16.2.2 Si パワーデバイスの量産技術

パワーデバイスは Si 集積回路ほどの微細化は要求されない。そのため，パワーデバイスの量産は，Si 集積回路で使われなくなった償却の済んだ古いラインで行われてきた。半導体製造ラインの建設には莫大な費用がかかる。Si パワーデバイスは，その費用なしで量産ラインを手に入れることができたのである。今後も古い Si 集積回路のラインは空いてくる。そのようなラインの有効活用は，パワーデバイスの低コスト化および量産ラインの早期立上げに有利となる。

16.3 そのほかの半導体関連技術から学ぶこと

16.3.1 Siウェーハから学ぶこと

Siウェーハ製造業界は，古くから日本がその主役の座から落ちたことのない数少ない日本優位の産業である．いまでも日本の信越半導体とSUMCOが世界シェアの30％ずつを持っている．

図16.2に示すように，Siウェーハ業界も何度も再編を経験している．それでも日本のウェーハメーカーがその地位を譲らなかったのは，Siウェーハ製造業を装置産業にしなかったからである．そこが半導体デバイスとの大きな違いである．

従来からSi結晶育成装置は，各社が独自に装置開発してきた．また，ウェーハ加工装置としては鏡面研磨装置が最重要装置であるが，各社はまったく異なる装置を使用している．これは，鏡面研磨プロセスがノウハウのかたまりであることを物語っている．

16.3.2 太陽電池から学ぶこと

太陽電池もかつては日本が比較的強い産業であった．それがいまは，かつての面影がなくなってしまった．ここでも日本のメーカーの品質至上主義と装置産業化への移行が関係している．太陽電池もパワーデバイス以上に，性能よりコストが重要なデバイスである．

一方で太陽電池のコスト低減策として，30年も前からアモルファスSiが注目されていた．この技術分野には多くの日本の頭脳（産官学すべて）が投入されてきた．にもかかわらず，いまだに主流にはなっていない．これは，光劣化という課題が解決できなかったためである．このことは，やはり半導体デバイスには信頼性が要求されることを示している．コストのつぎには信頼性が重要である．

194   16. ワイドギャップ半導体パワーデバイスの量産に向けて

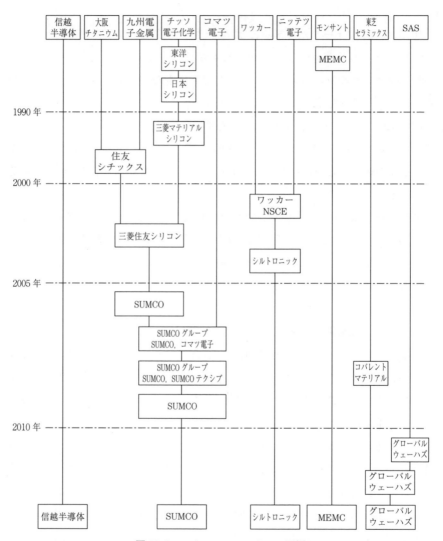

図 16.2　Si ウェーハメーカーの再編

16.4 量産における律速要因

これまで述べてきたとおり，ワイドギャップ半導体の優位性を生かしたパワーデバイスには，Si パワーデバイスを置き換えることによる高性能（低損失）デバイス，バイポーラデバイスを用いた大容量デバイス，高温動作デバイス，GaN を用いた高周波デバイスがある。

それぞれのデバイスに技術開発要素があることは個別に述べてきた。技術開発要素には，大きなくくりで分類すると，結晶，チップ，モジュール，そして周辺部品がある。**図 16.3** は，それぞれのデバイスにおける律速要因を，図 15.7 と同様の手法で表現したものである[†]。

図（a）は，単純に Si パワーデバイスを置き換えることによる高性能化の

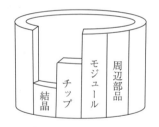

（a） 単純置き換えによる高性能化

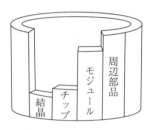

（b） 大容量デバイス

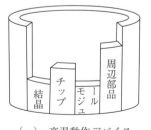

（c） 高温動作デバイス

（d） 高周波デバイス

図 16.3 次世代パワーデバイスにおける律速要因

[†] 筆者の独断による分析である。

場合である．この場合は，チップ関連の技術が律速となる可能性がある．チップそのものの製造に関しては，デバイスメーカーの量産体制はある程度できてきている．

一方，11章で述べたとおり，SiC 結晶の量産体制は整っていない．さらに，結晶欠陥が歩留り低減要因として立ちはだかる．したがって，結晶が最大の律速要因となると考えられる．

図（b）は，SiC バイポーラデバイスを用いた耐圧 10 kV を超える大容量化の場合である．この場合は結晶供給の問題もさることながら，チップの技術開発要素も大きい．p 型の制御，キャリヤライフタイムの長寿命化，結晶欠陥の低減など結晶とチップの両面からの技術開発が要求される．大容量モジュール開発は，従来技術の延長で開発可能であると考えられる．

図（c）は，自動車用途などにおける SiC を用いた高温動作デバイスの場合である．この場合は，モジュール開発が最重要である．15章で述べたとおり，新材料を含めさまざまな技術開発が要求される．チップに関しては，高温動作に伴う信頼性の向上が必要となる．さらにシステムを考えた場合，周辺部品が高温にさらされることを想定する必要がある．パワーモジュールと周辺部品を熱的に遮断するような構造を検討しなければならない．

図（d）は，GaN on Si を用いた高周波デバイスの場合である．この場合は，Si ウェーハを用いるので，SiC に比べると結晶の量産化のハードルは低い．高周波デバイス対応では13章で述べたとおり，周辺部品の高周波化も要求される．寄生容量や寄生インダクタンスを低減したモジュールの開発も重要である．チップに関しては安定したノーマリィオフ化が要求される．

付録

付表1 長周期型周期表

族	1	2	3	4	5	6	7	8	9	10	11	12	13	14	15	16	17	18
	IA	IIA	IIIA	IVA	VA	VIA	VIIA	VIII			IB	IIB	IIIB	IVB	VB	VIB	VIIB	0
1	1 H 水素																	2 He ヘリウム
2	3 Li リチウム	4 Be ベリリウム											5 B ホウ素	6 C 炭素	7 N 窒素	8 O 酸素	9 F フッ素	10 Ne ネオン
3	11 Na ナトリウム	12 Mg マグネシウム											13 Al アルミニウム	14 Si シリコン	15 P リン	16 S 硫黄	17 Cl 塩素	18 Ar アルゴン
4	19 K カリウム	20 Ca カルシウム	21 Sc スカンジウム	22 Ti チタン	23 V バナジウム	24 Cr クロム	25 Mn マンガン	26 Fe 鉄	27 Co コバルト	28 Ni ニッケル	29 Cu 銅	30 Zn 亜鉛	31 Ga ガリウム	32 Ge ゲルマニウム	33 As ヒ素	34 Se セレン	35 Br 臭素	36 Kr クリプトン
5	37 Rb ルビジウム	38 Sr ストロンチウム	39 Y イットリウム	40 Zr ジルコニウム	41 Nb ニオブ	42 Mo モリブデン	43 Tc テクネチウム	44 Ru ルテニウム	45 Rh ロジウム	46 Pd パラジウム	47 Ag 銀	48 Cd カドミウム	49 In インジウム	50 Sn スズ	51 Sb アンチモン	52 Te テルル	53 I ヨウ素	54 Xe キセノン
6	55 Cs セシウム	56 Ba バリウム	L ランタノイド	72 Hf ハフニウム	73 Ta タンタル	74 W タングステン	75 Re レニウム	76 Os オスミウム	77 Ir イリジウム	78 Pt 白金	79 Au 金	80 Hg 水銀	81 Tl タリウム	82 Pb 鉛	83 Bi ビスマス	84 Po ポロニウム	85 At アスタチン	86 Rn ラドン
7	87 Fr フランシウム	88 Ra ラジウム	A アクチノイド	104 Rf ラザホージウム	105 Db ドブニウム	106 Sg シーボーギウム	107 Bh ボーリウム	108 Hs ハッシウム	109 Mt マイトネリウム	110 Ds ダームスタチウム	111 Rg レントゲニウム	112 Cn コペルニシウム	113 Uut ウンウントリウム	114 Uuq ウンウンクアジウム	115 Uup ウンウンペンチウム	116 Uuh ウンウンヘキシウム	117 Uus ウンウンセプチウム	118 Uuo ウンウンオクチウム
	アルカリ金属	アルカリ土類金属		チタン族	土類金属	クロム族	マンガン族	鉄族 (上3元素) 白金族 (中5元素)			銅族	亜鉛族	アルミニウム族	炭素族	窒素族	酸素族	ハロゲン	不活性ガス 希ガス

L ランタノイド	57 La ランタン	58 Ce セリウム	59 Pr プラセオジム	60 Nd ネオジム	61 Pm プロメチウム	62 Sm サマリウム	63 Eu ユーロピウム	64 Gd ガドリニウム	65 Tb テルビウム	66 Dy ジスプロシウム	67 Ho ホルミウム	68 Er エルビウム	69 Tm ツリウム	70 Yb イッテルビウム	71 Lu ルテチウム
希土類															

A アクチノイド	89 Ac アクチニウム	90 Th トリウム	91 Pa プロトアクチニウム	92 U ウラン	93 Np ネプツニウム	94 Pu プルトニウム	95 Am アメリシウム	96 Cm キュリウム	97 Bk バークリウム	98 Cf カリホルニウム	99 Es アインスタイニウム	100 Fm フェルミウム	101 Md メンデレビウム	102 No ノーベリウム	103 Lr ローレンシウム

付表 2　短周期型周期表（a，b の配置は別形式もある）

周期＼族	I a	I b	II a	II b	III a	III b	IV a	IV b	V a	V b	VI a	VI b	VII a	VII b	VIII			0
1	H																	He
2	Li		Be		B		C		N		O		F					Ne
3	Na		Mg		Al		Si		P		S		Cl					Ar
4	K		Ca			Sc		Ti		V		Cr		Mn	Fe	Co	Ni	
		Cu		Zn	Ga		Ge		As		Se		Br					Kr
5	Rb		Sr			Y		Zr		Nb		Mo		Tc	Ru	Rh	Pd	
		Ag		Cd	In		Sn		Sb		Te		I					Xe
6	Cs		Ba		ランタノイド		Hf		Ta		W		Re		Os	Ir	Pt	
		Au		Hg	Tl		Pb		Bi		Po		At					Rn
7	Fr		Ra		アクチノイド													

参 考 文 献

　参考文献は，比較的入手しやすいものを対象とした。富士時報，日立評論，東芝レビュー，Panasonic Technical Journal，デンソーテクニカルレビュー，SEI テクニカルレビュー，神戸製鋼技報は，ウェブサイトから全文が検索可能である[†]。また，定期的にパワーデバイス関連の特集が組まれるものもあるので活用をお勧めする。

全体を通した参考文献
山本秀和：パワーデバイス，コロナ社（2012）
SiC パワーデバイスに関する解説書に以下がある。
松波弘之，大谷　昇，木本恒暢，中村　孝：半導体 SiC 技術と応用，日刊工業新聞社（2011）

1 章，2 章
電力変換を扱う学問分野は，パワーエレクトロニクスと呼ばれる。パワーエレクトロニクスを扱った教科書は，さまざまなレベルのものが出版されている。一方，パワーデバイスの解説書は少ないが，以下のようなものがある。
由宇義珍：初めてのパワーデバイス，工業調査会（2006）
電気学会：世界を動かすパワー半導体，IGBT 図書企画編集委員会（2008）
丸善：パワーデバイス（2011）

4 章
Si-IGBT に関する解説書として以下がある。
佐藤克己：Si パワーエレクトロニクス（最先端 IGBT）の最新動向，電子情報通信学会誌，**95**，p.998（2012）
パワーデバイスの上級者向けの詳細な解説書に以下がある。
B. Jayant. Baliga, Springer：Fundamentals of Power Semiconductor Devices（2008）
1)　齋藤　渉：電源回路向け高耐圧パワー MOSFET πMOS-Ⅶ及び DTMOS-Ⅱ シリーズ，東芝レビュー，**65**，1，p.11（2010）

　[†]　三菱電機技報は最初の 1 ページのみ検索可能。

参考文献

5章
以下は半導体のパッケージ技術に関する解説書であるが，一部パワーデバイスを扱っている。
村上　元　監修，半導体新技術研究会　編：図解 最先端半導体パッケージ技術のすべて，工業調査会（2007）

6章
結晶格子のわかりやすい解説書に以下がある。
坂　公恭：結晶電子顕微鏡学 ―材料研究者のための―，内田老鶴圃（1997）

7章
半導体デバイスの一般的な解説書に以下がある。
小林敏志，金子双男，加藤景三：基礎半導体工学，コロナ社（1996）
S. M. Sze：Physics of Semiconductor Devices, John Wiley & Sons（1981）（第3版では，IGBTを扱っている）

8章
結晶欠陥を扱った解説書に以下がある。
幸田成康：金属物理学序論，コロナ社（1964）

9章
半導体評価技術全般を扱った解説書として以下がある。
河東田隆：半導体評価技術，産業図書（1989）
1) Y. Yao et al.：Molten KOH Etching with Na_2O_2 Additive for Dislocation Revelation in 4H-SiC Epilayers and Substrates, Jpn. J. Appl. Phys., **50**, 075502（2011）
2) 品田博之ほか：次世代の高速高感度検査 ―ミラー電子顕微鏡技術の可能性―，日立評論，**94**，2，p.46（2012）
3) 鎌田功穂ほか：SiC単結晶膜中欠陥の高分機能非破壊観察法の開発，電力中央研究所報告，研究報告，Q04023（2005）
4) 住江伸吾ほか：半導体プロセスにおける重金属汚染の検出 ―キャリヤライフタイム測定装置―，神戸製鋼技報，**52**，2，p.87（2002）

10章
半導体基盤技術研究会：シリコンの科学，リアライズ社（1996）

参 考 文 献

高田清司，小松崎靖男：21世紀の半導体シリコン産業，工業調査会（2000）

11章

RAF法の解説として以下がある。
奥野英一ほか：SiC基板・デバイスのハイパワー応用，デンソーテクニカルレビュー，**10**，2，p.44（2005）
SiCのエピタキシャル成長技術を扱った解説として以下がある。
大谷　昇：SiC単結晶エピタキシャルウェーハの高品質化，応用物理，**82**，p.846（2013）
GaNの自立基板の育成技術を扱った解説として以下がある。
天野　浩：窒化物ワイドギャップ半導体の現状と展望 —バルクGaN単結晶成長技術開発の観点から，応用物理，**81**，p.455（2012）

12章

SiCパワーデバイスに関する解説として以下がある。
木本恒暢：高効率電力変換用SiCパワーデバイス，応用物理，**80**，p.673（2011）

1) 中沢将剛ほか：Si-IGBT・SiC-SBDハイブリッドモジュール，富士時報，**84**，5，p.331（2011）
2) 戸田伸一ほか：SiCダイオードを適用した鉄道用PMSMドライブインバータの小型化，電気学会産業応用部門大会，1-01-6（2012）
3) 根来秀人ほか：SiCパワーモジュール適用 鉄道車両用高効率インバータシステム，電気学会産業応用部門大会，1-01-5（2012）
4) 三菱電機株式会社ニュースリリース，SiCを用いたパワーコンディショナで国内業界最高の電力変換効率98.0％を実証，（2011年1月20日）
5) N. Miura et al.：4H-SiC Power Metal-Oxide-Semiconductor Field Effect Transistors and Schottky Barrier Diodes of 1.7kV Rating, Jpn. J. Appl. Phys., **48**, 04C085 (2009)
6) http://www.rohm.co.jp/web/japan/news-detail?defaultGroupId=false，世界で初めてSiC-SBDとSiC-MOSFETを1パッケージ化し，量産開始インバータにおける電力損失を大幅に低減し，部品点数削減にも大きく貢献（2012年6月14日）
7) 只野　博：SiCパワーデバイスの現状と課題，第32回テスティングシンポジウム（LSIT2012），p.5（2012）
8) http://www.yaskawa.co.jp/php/newsrelease/contents.php?id=121&year=2011&，世界初！SiCを採用した電気自動車用高効率モータドライブ「SiC-QMET」を開発 —モータ，インバータの大幅な小型化および高効率化を実現—

（2011 年 1 月 18 日）
9) https://www.hamamatsu.com/resources/pdf/etd/SD_tech_TLAS9004J01.pdf，ステルスダイシング技術とその応用

13 章

GaN パワーデバイスに関する解説として以下がある。
上田哲三：GaN パワーデバイスの進展と展望，電子情報通信学会誌，**95**，p.1009（2012）
葛原正明：GaN 系高効率電子デバイスの開発動向，応用物理，**81**，p.464（2012）
森田竜夫ほか，「高効率ワンチップ GaN インバータ IC」，Panasonic Technical Jornal，**57**，No.1，p.15（2011）

14 章

酸化ガリウムパワーデバイスに関する解説として以下がある。
東脇正高：酸化ガリウムパワーデバイス研究開発の現状と今後，電子情報通信学会誌，**97**，p.205（2014）
ダイヤモンドパワーデバイスに関する解説として以下がある。
鹿田真一：パワーデバイス応用に向けたダイヤモンド半導体の開発状況，応用物理，**82**，p.299（2013）
1) 辰巳夏生ほか：ダイヤモンド・ショットキー・ダイオードの開発，SEI テクニカルレビュー，第 174 号，p.81（2009）
2) 辰巳夏生ほか：n 型ダイヤモンド電子エミッタデバイスの開発，SEI テクニカルレビュー，第 172 号，p.34（2008）

15 章

1) http://www.mitsubishielectric.co.jp/semiconductors/products/pdf/reliability/0512.pdf，パワーモジュールの信頼性
2) 1) 再掲
3) 藤井岳志ほか：ハイブリッド車用第 2 世代めっきチップ，富士時報，**82**，6，p.362（2009）
4) http://www.dowcorning.co.jp/ja_JP/content/japan/japancompany/nr100210_Nanotech2010.pdf，次世代パワー半導体向け新技術を開発

索引

【あ】
アイソトープ　64
悪性 PRIDE　104, 105
圧電効果　83
アモノサーマル法　145
アーリー効果　41
安全動作領域　17

【い】
イオン化エネルギー　67
イオン結合　70
移動度　83

【う】
ウエットエッチング　110
渦電流損　170
ウルツ鉱構造　85

【え】
エネルギーバンド　90
エミッタ接地電流増幅率　41
延　性　71

【お】
オフ損失　16

【か】
外因性　99
化合物半導体　84
カスコード接続　166
ガス成長法　140
ガスドーピング法　128
活性化熱処理　159
価電子　66
間接遷移型　91

【き】
完全転位　100
貫通転位　103
貫通刃状転位　103
貫通らせん転位　103
還流ダイオード　14

【き】
寄生インダクタンス　183
基底面転位　103
基本並進ベクトル　75
逆格子ベクトル　79
逆阻止 IGBT　16, 48
逆導通 IGBT　48
キャリヤ　91
　　――の飽和速度　94
共有結合　69
許容帯　90
キロプロス法　147
禁制帯　90
禁制帯幅　91
近接垂直ブロー型 CVD 炉　142
金属結合　71

【く】
空　孔　97, 99
偶発故障　177

【け】
ケース温度　57
ケースタイプ
　　IGBT モジュール　55
ケースタイプ IPM　55
結合力　71
結　晶　74, 96
結晶欠陥　96

【こ】
結晶格子振動　92
欠　損　99
ゲッタリング手法　105
原　子　63
原子核　63
原子間力顕微鏡　117
元　素　64
元素半導体　84

【こ】
降　圧　11
降圧チョッパ回路　12
格　子　74
格子位置　97
格子間　97
格子間原子　97
格子定数　74
交　流　2
故障率　178

【さ】
サイリスタ　6, 10, 39
サーマルサイクル　179
サーマルサイクル試験　179
酸化ガリウム　172

【し】
磁化特性　170
磁気量子数　64
自己消弧型デバイス　18
自然酸化膜　162
周囲温度　57
周期表　66
収束電子線　124
自由電子　90
主量子数　64

シュレディンガーの波動方程式	91
昇圧	11
昇圧チョッパ回路	13
昇華法	136
消弧	39
初期故障	177
ショックレーの部分転位	100
ショットキー障壁ダイオード	23, 26
シリーズハイブリッド方式	9
シリーズパラレル方式	9
自立基板	144
真性故障	177

【す】

水素結合	71
スイッチング損失	16
スイッチングデバイス	51
スクリーニング	177
ステルスダイシング	160
スーパージャンクション	43
スピン量子数	64
スマートグリッド	5

【せ】

正孔	90
性能指数	21
整流	11
整流器	11
整流比	38
赤外線トモグラフィ	109
析出物	100
積層欠陥	99
絶縁破壊電界	20
接合温度	57
接合型ダイオード	26
ゼーベック効果	83
せん亜鉛鉱構造	85
線欠陥	98
選択エッチング法	110

【そ】

走査電子顕微鏡	110
走査トンネル顕微鏡	117

【た】

ダイオード	11
ダイオードモジュール	52
ダイシング	59
ダイシングライン	60
体積欠陥	99
ダイボンド	61
ダイヤモンド構造	84
多結晶	84
立上り電圧	37
ダッシュネッキング	126
脱ワイヤボンド構造	182
縦型輻射加熱式反応炉	142
単結晶	84

【ち】

チップテスト	60
中性子	64
中性子照射法	127
直接遷移型	91
直流	2

【て】

定格電流	19
ディスクリートデバイス	51
転位	98
電気陰性度	67
点欠陥	97
点弧	39
電子移動度	20
電子飽和速度	20
電磁誘導	3
展性	71
伝導キャリヤ	91
電流コラプス	168
電流密度	20

【と】

同位体	64
透過電子顕微鏡	110
ドリフト	93
ドリフト移動度	94
ドリフト速度	93
トレンチゲート型 SiC パワー MOSFET	153

【な】

内因性	99
鉛フリー化	61

【に】

ニュートロン	64

【ね】

熱伝導度	20

【の】

ノーマリィオフ型	164
ノーマリィオン型	164
ノンパンチスルー	46

【は】

ハイドロサーマル法	146
バイポーラデバイス	26
パウリの排他律	64
バーガーズベクトル	98
刃状転位	98
バスタブ型	177
パラレル方式	9
バリガ指数	21
パルス幅変調	14
パワー MOSFET	8, 10
パワーサイクル	179
パワーサイクル試験	180
パワーチップ	24
パワーデバイス	1
パワーバイポーラトランジスタ	18
パンチスルー	46

半導体	82
半導体チップ	24
半導体レーザ	83
バンドギャップ	68, 91

【ひ】

ピエゾ効果	83
非晶質	84
ヒステリシスループ	170

【ふ】

ファンデルワールス結合	71
ファンデルワールス力	72
フィン温度	57
フォトカプラ	54
フォトルミネッセンス	116
不完全転位	100
不純物ドーピング	91
沸点	71
不動転位	102
部分転位	100
プラズマ CVD 法	148
ブラベー格子	75
フランクの部分転位	102
ブレード	59
プレーナゲート型 SiC パワー MOSFET	153
プロセス導入欠陥	104
プロトン	64
分散関係	91

【へ】

ヘキサゴナリティ	88

【ほ】

ペルチエ効果	83
ボイド	180
方位量子数	64
ボディダイオード	43
ホール	90
ホール効果	83
ボンディング	61

【ま】

マイクロ波光導電減衰法	121
マトリックスコンバータ	15, 50
摩耗故障	177

【み】

未結合手	106
ミラー指数	78
ミラー電子顕微鏡	113

【む】

無停電電源	6

【め】

面欠陥	99

【も】

漏れ電流	16

【ゆ】

有機金属気相成長法	142

融点	71
ユニポーラデバイス	26

【よ】

溶液法	139
陽子	63
横型コールドウォール炉	141
横型ホットウォール炉	141

【ら】

らせん転位	98
ラッチアップ	18, 39
ラマン散乱分光法	118
ラマンシフト	119

【り】

良性 PRIDE	104

【れ】

レクティファイヤ	11
レーザダイシング	160
レーザアニール	34

【わ】

ワイドギャップ半導体	10, 93

【数字】

1 in 1	52
2 in 1	52
2H 構造	87
3C 構造	87
6 in 1	52
7 in 1	52

【A】

AC スイッチ	16
AFM	117
all in 1	52

【B】

BPD	103

【C】

CMP	32, 132
COP	105
CZ 法	125

【D】

DC–DC コンバータ	12

DLTS	122			RC-IGBT	48		
【E】		**【L】**		**【S】**			
		LD	142	SBD	23, 26, 32		
EFG 法	147	LED	5, 83	SEM	110		
EG	105	LPT	46	SF	99		
【F】		**【M】**		SiC	10		
FA	7	MEM	113	SJ	43		
FIB	124	MESFET	174	SOA	17		
FIT	178	MO-CVD	142	sp^2 混成軌道	72		
FOM	21	MPJ	113	sp^3 混成軌道	72		
FS	46	MPS ダイオード	36, 38	sp 混成軌道	74		
FWD	14	**【N】**		STI	32		
FZ 法	126	Na フラックス法	145	STM	117		
【G】		NPC コンバータ	50	**【T】**			
GaN	10	NPT	46	TED	103		
GCT サイリスタ	40	NTD	127	TEM	111		
GTO サイリスタ	12, 18	**【O】**		TSD	103		
【H】		OSF	135	TTV	135		
HEMT	163	**【P】**		**【U】**			
HVIC	7	pin 接合型	37	UPS	6		
HV-IGBT	7	PL	116	**【X】**			
HVPE 法	144	PRIDE	104	X 線回折装置	114		
【I】		PT	46	X 線トポグラフィ	115		
IG	105	PUA	135	**【ギリシャ文字】**			
IPM	18	PWM	14	μPCD	121		
IR-LST	109	**【R】**		π 結合	74		
【J】		RAF 法	138	σ 結合	74		
JFET	47	RB-IGBT	48				

―― 著者略歴 ――

1979年　北海道大学工学部電気工学科卒業
1984年　北海道大学大学院工学研究科博士後期課程修了（電気工学専攻）
　　　　工学博士
1984年　三菱電機株式会社勤務
2010年　千葉工業大学教授
　　　　現在に至る

ワイドギャップ半導体パワーデバイス
Wide-bandgap Semiconductor Power Devices
Ⓒ Hidekazu Yamamoto　2015

2015年3月20日　初版第1刷発行　　　　　　　　　　★

検印省略

著　者　山　本　秀　和
　　　　（やま　もと　ひで　かず）
発行者　株式会社　コロナ社
　　　　代表者　牛来真也
印刷所　萩原印刷株式会社

112-0011　東京都文京区千石4-46-10
発行所　株式会社　コロナ社
CORONA PUBLISHING CO., LTD.
Tokyo　Japan

振替 00140-8-14844・電話(03)3941-3131(代)
ホームページ http://www.coronasha.co.jp

ISBN 978-4-339-00875-3　　（安達）　　（製本：愛千製本所）
Printed in Japan

本書のコピー，スキャン，デジタル化等の
無断複製・転載は著作権法上での例外を除
き禁じられております。購入者以外の第三
者による本書の電子データ化及び電子書籍
化は，いかなる場合も認めておりません。

落丁・乱丁本はお取替えいたします

電子情報通信レクチャーシリーズ

■電子情報通信学会編　　　　（各巻B5判）

共通

	配本順			頁	本体
A-1	(第30回)	電子情報通信と産業	西村吉雄著	272	4700円
A-2	(第14回)	電子情報通信技術史 ―おもに日本を中心としたマイルストーン―	「技術と歴史」研究会編	276	4700円
A-3	(第26回)	情報社会・セキュリティ・倫理	辻井重男著	172	3000円
A-4		メディアと人間	原島博／北川高嗣 共著		
A-5	(第6回)	情報リテラシーとプレゼンテーション	青木由直著	216	3400円
A-6	(第29回)	コンピュータの基礎	村岡洋一著	160	2800円
A-7	(第19回)	情報通信ネットワーク	水澤純一著	192	3000円
A-8		マイクロエレクトロニクス	亀山充隆著		
A-9		電子物性とデバイス	益一哉／天川修平 共著		

基礎

	配本順			頁	本体
B-1		電気電子基礎数学	大石進一著		
B-2		基礎電気回路	篠田庄司著		
B-3		信号とシステム	荒川薫著		
B-5		論理回路	安浦寛人著		
B-6	(第9回)	オートマトン・言語と計算理論	岩間一雄著	186	3000円
B-7		コンピュータプログラミング	富樫敦著		
B-8		データ構造とアルゴリズム	岩沼宏治他著		
B-9		ネットワーク工学	仙田正和／石村敬／外村裕介 共著		
B-10	(第1回)	電磁気学	後藤尚久著	186	2900円
B-11	(第20回)	基礎電子物性工学 ―量子力学の基本と応用―	阿部正紀著	154	2700円
B-12	(第4回)	波動解析基礎	小柴正則著	162	2600円
B-13	(第2回)	電磁気計測	岩﨑俊著	182	2900円

基盤

	配本順			頁	本体
C-1	(第13回)	情報・符号・暗号の理論	今井秀樹著	220	3500円
C-2		ディジタル信号処理	西原明法著		
C-3	(第25回)	電子回路	関根慶太郎著	190	3300円
C-4	(第21回)	数理計画法	山下信雄／福島雅夫 共著	192	3000円
C-5		通信システム工学	三木哲也著		
C-6	(第17回)	インターネット工学	後藤滋樹／勝山保 共著	162	2800円
C-7	(第3回)	画像・メディア工学	吹抜敬彦著	182	2900円
C-8		音声・言語処理	広瀬啓吉著	近刊	
C-9	(第11回)	コンピュータアーキテクチャ	坂井修一著	158	2700円

配本順				頁	本体
C-10		オペレーティングシステム			
C-11		ソフトウェア基礎	外山芳人著		
C-12		データベース			
C-13	(第31回)	集積回路設計	浅田邦博著	208	3600円
C-14	(第27回)	電子デバイス	和保孝夫著	198	3200円
C-15	(第8回)	光・電磁波工学	鹿子嶋憲一著	200	3300円
C-16	(第28回)	電子物性工学	奥村次徳著	160	2800円

展開

配本順				頁	本体
D-1		量子情報工学	山崎浩一著		
D-2		複雑性科学			
D-3	(第22回)	非線形理論	香田徹著	208	3600円
D-4		ソフトコンピューティング	山川烈 堀尾恵一 共著		
D-5	(第23回)	モバイルコミュニケーション	中川正雄 大槻知明 共著	176	3000円
D-6		モバイルコンピューティング			
D-7		データ圧縮	谷本正幸著		
D-8	(第12回)	現代暗号の基礎数理	黒澤馨 尾形わかは 共著	198	3100円
D-10		ヒューマンインタフェース			
D-11	(第18回)	結像光学の基礎	本田捷夫著	174	3000円
D-12		コンピュータグラフィックス			
D-13		自然言語処理	松本裕治著		
D-14	(第5回)	並列分散処理	谷口秀夫著	148	2300円
D-15		電波システム工学	唐沢好男 藤井威生 共著		
D-16		電磁環境工学	徳田正満著		
D-17	(第16回)	VLSI工学 —基礎・設計編—	岩田穆著	182	3100円
D-18	(第10回)	超高速エレクトロニクス	中村徹 三島友義 共著	158	2600円
D-19		量子効果エレクトロニクス	荒川泰彦著		
D-20		先端光エレクトロニクス			
D-21		先端マイクロエレクトロニクス			
D-22		ゲノム情報処理	高木利久 小池麻子 編著		
D-23	(第24回)	バイオ情報学 —パーソナルゲノム解析から生体シミュレーションまで—	小長谷明彦著	172	3000円
D-24	(第7回)	脳工学	武田常広著	240	3800円
D-25		生体・福祉工学	伊福部達著		
D-26		医用工学			
D-27	(第15回)	VLSI工学 —製造プロセス編—	角南英夫著	204	3300円

定価は本体価格+税です。
定価は変更されることがありますのでご了承下さい。

図書目録進呈◆

電気・電子系教科書シリーズ

（各巻A5判）

- ■編集委員長　高橋　寛
- ■幹　　　事　湯田幸八
- ■編集委員　江間　敏・竹下鉄夫・多田泰芳
　　　　　　　中澤達夫・西山明彦

	配本順	書名	著者	頁	本体
1.	(16回)	電気基礎	柴田尚志・皆藤新芳・多田泰志 共著	252	3000円
2.	(14回)	電磁気学	多田泰芳・柴田尚志 共著	304	3600円
3.	(21回)	電気回路Ⅰ	柴田尚志 著	248	3000円
4.	(3回)	電気回路Ⅱ	遠藤　勲・鈴木靖挙・吉澤昌純 共著	208	2600円
5.		電気・電子計測工学	西坂奥明青・下彦二西鎮木立堀幸 共著		
6.	(8回)	制御工学		216	2600円
7.	(18回)	ディジタル制御	青木俊幸・西堀　立 共著	202	2500円
8.	(25回)	ロボット工学	白水俊次 著	240	3000円
9.	(1回)	電子工学基礎	中澤達夫・藤原勝幸 共著	174	2200円
10.	(6回)	半導体工学	渡辺英夫 著	160	2000円
11.	(15回)	電気・電子材料	中澤・押田・森田・須田・服部 共著	208	2500円
12.	(13回)	電子回路	土伊原健二 共著	238	2800円
13.	(2回)	ディジタル回路	若吉室海沢下山賀昌進博・純夫・也厳 共著	240	2800円
14.	(11回)	情報リテラシー入門		176	2200円
15.	(19回)	C++プログラミング入門	湯田幸八 著	256	2800円
16.	(22回)	マイクロコンピュータ制御プログラミング入門	柚賀正光・千代谷慶 共著	244	3000円
17.	(17回)	計算機システム	春日・舘泉・日原雄幸・健治八博 共著	240	2800円
18.	(10回)	アルゴリズムとデータ構造	湯田・伊原・谷口 勉弘邦 共著	252	3000円
19.	(7回)	電気機器工学	前新・江間・高橋 敏勲 共著	222	2700円
20.	(9回)	パワーエレクトロニクス	江間　敏・甲斐隆章 共著	202	2500円
21.	(12回)	電力工学	江間・甲三・吉木 敏章彦機 共著	260	2900円
22.	(5回)	情報理論	吉川・下川田 隆成英 共著	216	2600円
23.	(26回)	通信工学	竹下・吉田・松田 鉄英豊夫機稔 共著	198	2500円
24.	(24回)	電波工学	松宮岡・南部原 克久正史夫 共著	238	2800円
25.	(23回)	情報通信システム（改訂版）	桑原・植月・松原 裕唯孝充史志 共著	206	2500円
26.	(20回)	高電圧工学		216	2800円

定価は本体価格+税です。
定価は変更されることがありますのでご了承下さい。

図書目録進呈◆